非均相沉淀聚合工艺
制备高分子量聚丙烯腈

赵亚奇 / 著

武汉理工大学出版社
· 武 汉 ·

内 容 提 要

聚丙烯腈 (PAN) 是制备碳纤维重要的前驱体，由丙烯腈 (AN) 和少量共聚单体聚合而成的高分子量 PAN 共聚物是提高碳纤维力学性能的重要条件之一。本书从制备碳纤维用高分子量 PAN 共聚物的角度出发，分别采用水相沉淀聚合工艺和混合溶剂沉淀聚合工艺，重点研究了各主要聚合反应因素，以及 $FeCl_3$ 和有机酸配体的引入对 PAN 聚合产物转化率和黏均分子量的影响规律，阐述了 PAN 聚合产物化学结构和性能之间的关系，为碳纤维工业化发展提供了具有一定应用价值的理论性研究成果。

图书在版编目 (CIP) 数据

非均相沉淀聚合工艺制备高分子量聚丙烯腈 / 赵亚奇著 . — 武汉 : 武汉理工大学出版社 , 2023.12
　　ISBN　978-7-5629-6970-9

Ⅰ . ①非… Ⅱ . ①赵… Ⅲ . ①非均相反应—沉淀—聚合—生产工艺—制备—高聚物—聚丙烯腈 Ⅳ . ① TQ325.8

中国国家版本馆 CIP 数据核字（2023）第 248062 号

责任编辑：王兆国
责任校对：李兰英　　排　版：任盼盼
出版发行：武汉理工大学出版社
社　　址：武汉市洪山区珞狮路 122 号
邮　　编：430070
网　　址：http://www.wutp.com.cn
经　　销：各地新华书店
印　　刷：北京亚吉飞数码科技有限公司
开　　本：170×240　1/16
印　　张：15
字　　数：238 千字
版　　次：2025 年 1 月第 1 版
印　　次：2025 年 1 月第 1 次印刷
定　　价：86.00 元

前　言

作为新型无机纤维材料,碳纤维材料因其高强高模、高温环境中强度不下降的特点,还具有耐腐蚀、质轻、膨胀系数较小等多种性能优势,常被应用于汽车、航空、航天、军事、医疗器械以及高级体育用品等多个行业,并逐渐成为国家的支柱产业。可用于制备碳纤维的前驱体很多,但仅有聚丙烯腈(PAN)基、黏胶纤维基和沥青基三种能用于工业的规模化大批量生产。其中以 PAN 纤维最为常见,不仅合成工艺简单,而且所制得的 PAN 基碳纤维各方面的综合性能都较为优越。每年聚丙烯腈基碳纤维在世界上的产量占碳纤维总产量的 90% 以上,可以称 PAN 聚合物为生产碳纤维最有发展前途的前驱体。

PAN 主要采用均相溶液聚合和非均相溶液聚合工艺合成。本书主要阐述了几种重要的非均相沉淀聚合工艺,包括水相沉淀聚合和混合溶剂沉淀聚合工艺,用以制备高分子量 PAN 聚合物,并进行了工艺改进,力求为制得高性能 PAN 聚合物提供理论指导。具体研究内容包括 7 章和 3 个附录,第 1 章 – 绪论、第 2 章 –AN/IA 水相沉淀共聚合的工艺研究、第 3 章 –AN 水相沉淀聚合的反应机理及合成动力学、第 4 章 – 水相沉淀聚合工艺制备 PAN 聚合物的热性能、第 5 章 – 混合溶剂沉淀法制备高分子量 PAN、第 6 章 – 非均相反向原子转移活性自由基聚合制备 PAN 聚合物、第 7 章 – 结论、附录一 – 非均相聚合工艺制备高分子量聚丙烯腈的研究进展、附录二 – 混合溶剂法制备高分子量聚丙烯腈研究进展、附录三 – 自由基引发剂制备高相对分子质量聚丙烯腈研究进展。

本书由河南城建学院材料与化工学院赵亚奇基于高分子量聚丙烯腈的制备及表征研究完成,得到了国家自然科学基金项目(51803047)、河南省科技攻关计划项目(202102210035)、河南省青年骨干教师计划项目(2019GGJS227)的支持,在研究过程中得到了联合培养研究生郭雯静、吴晓林的帮助,以及我校科研创新团队计划项目和高分子材料与工程专业"聚丙烯腈合成及表征"小分队本科生的帮助,还得到材料与化工学院领导和专家的鼓励和支持,在此一并表示感谢。同时,对在编写过程中参考的大量文献资料的专家学者们一并致谢。

由于作者水平有限,书中难免有不足之处,恳请专家和读者批评指正。

作　者

2023 年 12 月于平顶山

目 录

第 1 章

绪 论

1.1 聚丙烯腈(PAN)基碳纤维简介

碳纤维是在 20 世纪 60 年代迅速发展起来的新型无机纤维材料,其化学组成中碳元素含量占总质量的 92% 以上。碳纤维具有高比强度、高比模量、耐高温、耐腐蚀、耐疲劳、抗辐射、导电、传热、减震、降噪和比重小等一系列优异性能,属于典型的高性能纤维。作为纤维,它还具有柔软性和可编、可纺织性。在 2000℃ 以上的高温惰性环境中,碳纤维是唯一强度不下降的材料。目前,碳纤维已广泛应用于航空航天、国防军事等尖端领域以及高级体育用品、医疗器械等民用行业 [1-6]。作为一种高科技材料,碳纤维在国家支柱产业升级与国民经济质量提高方面发挥着越来越重要的作用。

可用于制备碳纤维的前驱体很多,如 PAN 纤维 [7-12]、黏胶纤维 [13]、沥青 [14]、聚酰亚胺 [15]、聚乙烯 [16]、聚苯并噻唑 [17] 等。但到目前为止,能用于工业规模化生产的仅有 PAN 基、黏胶纤维基和沥青基三种。其中,由 PAN 纤维烧蚀得到的碳纤维综合性能最好,生产工艺简单,具有较高的碳化收率,其产量占 90% 以上,是生产高性能碳纤维最有前途的前驱体 [7-12]。日本东丽公司生产的 PAN 基碳纤维的质量与产量可代表当今世界水平。该公司生产的 T300 碳纤维的抗拉强度已提高到 3.56GPa,成为世界公认的通用级碳纤维。1986 年,该公司开发成功的 T1000 碳纤维,抗拉强度已提高到 7.02GPa,而实验室数据已经达到 8.05GPa。然而,与石墨晶体的理论强度(180GPa)相比,实际产品强度与理论强度之间仍有很大的差距。因此,PAN 基碳纤维强度的进一步提高仍有很大的空间 [18]。目前,许多国家都在采用各种方法提高 PAN 原丝的质量和碳纤维的性能。世界上 PAN 基碳纤维的生产在 20 世纪 60 年代起步,经过 20 世纪七八十年代的稳定发展,20 世纪 90 年代的飞速发展,到现在已经基本成熟 [2-5]。

　　我国从 20 世纪 60 年代就开始研制碳纤维,并初步建立了工业雏形。但由于多方面的原因,我国碳纤维无论在产品质量还是在工业规模上都与国外有很大的差距,比发达国家落后了 20~30 年[18]。国产碳纤维和 PAN 原丝的质量同国外相比,其性能指标较差,主要表现为:纤维强度低(仅相当于日本东丽公司的 T300 水平),纤度偏大,毛丝多,杂质含量高,分纤性、均匀性和稳定性差,缺陷与孔洞多,结晶取向较小,品种单一且价格昂贵,等等。PAN 原丝的质量问题已成为制约我国碳纤维工业发展的"瓶颈"。

1.2　PAN 原丝及碳纤维的生产工艺

　　PAN 基碳纤维的制备过程冗长[1,2,8-10,19-21],包含着高分子化学、高分子物理、材料科学等多个学科复杂、精深的科学内涵,属于材料学科中技术含量高的研究课题。PAN 基碳纤维的生产主要分为两步:第一步是 PAN 原丝的制备,将反应单体进行共聚合制得 PAN 纺丝原液,经喷丝孔后形成初生纤维,初生纤维再经过后续处理得到原丝;第二步是PAN 原丝的预氧化和碳化,其中碳化又包括低温碳化和高温碳化,如图1.1 所示。

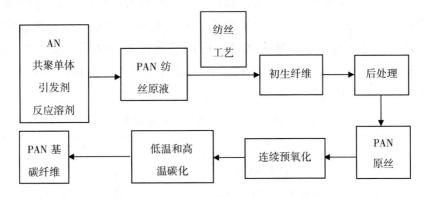

图 1.1　PAN 基碳纤维的制备工艺流程

根据聚合方法的不同,PAN 纺丝原液主要通过以下两种途径获得:

（1）采用丙烯腈（AN）与共聚单体的均相溶液聚合工艺，可以直接获得物性均一的 PAN 溶液，经过滤、脱单、脱泡处理即可形成纺丝原液；（2）采用非均相聚合工艺（水相悬浮聚合、水相沉淀聚合、混合溶剂沉淀聚合）一般获得粉末状或颗粒状的 PAN 聚合物，须经干燥、粉碎、充分溶解才能制得性质均匀的 PAN 溶液，此后再进行后续的脱单、脱泡处理，以便获得 PAN 纺丝原液。前者称为一步法，后者称为两步法。PAN 纺丝原液经喷丝孔喷出后形成纺丝细流，经过凝固浴或纺丝甬道后形成初生纤维，初生纤维经过后处理工艺制成 PAN 原丝。

按纺丝工艺的差异，PAN 原丝的制备方法可分为湿法纺丝[22]、干法纺丝[23]、干湿法纺丝[24,25]和熔融法纺丝[26,27]等。湿法成形的纤维纤度变化小、残留溶剂少，且 PAN 原丝的质量容易控制，故湿法纺丝仍是目前广泛应用的纺丝工艺。常用的纺丝溶剂主要有二甲基亚砜（dmso）、二甲基甲酰胺（dmf）、二甲基乙酰胺（DMAc）、硫氰酸钠（nascn）水溶液、氯化锌（Zncl$_2$）水溶液、硝酸（HNO$_3$）水溶液等[2,3]。目前，以 dmso 为溶剂的 PAN 原丝产量最大，碳纤维的力学性能最稳定[28]。干法成形的纤维结构较致密，但内部形成的原纤多。干湿法纺丝，即干喷湿纺纺丝工艺，是近年来发展起来的一种新型纺丝方法，已应用于工业生产。干喷湿纺即纺丝液经喷丝孔喷出后不立即进入凝固浴，而是先经过厚度为 3~10mm 的一段干空气层（亦叫干段或干层），再进入凝固浴进行双扩散、相分离和形成丝条。成纤是一个物理过程，在干段（空气层）发生的物理变化有利于形成致密化和均质化的丝条，为生产高性能原丝奠定了基础。干喷湿纺兼备干法纺丝和湿法纺丝的优点，其主要差异如表 1.1 所示[3]。熔融法纺丝由于 PAN 共聚物在达到熔点之前已经分解，因此需加入一定量的小分子增塑剂（如 H$_2$O）或者在喂料时采用较多含量的共聚单体用于降低 PAN 的熔点，以便形成可用于熔融法纺丝的 PAN 纺丝熔体。干湿法和熔融法是纺丝工艺发展的新趋势。

表 1.1　湿法纺丝与干喷湿纺的主要差异[3]

项目	湿法纺丝	干喷湿纺
喷丝孔直径	小，0.05~0.07mm	大，0.10~0.20mm
纺丝液	中低分子量和固含量	高分子量，高固含量，高黏度
牵伸率	喷丝后为负牵伸，一般负率 20%~50%	喷丝后为正牵伸，一般正牵 120%~300%

| 纺速 | 纺丝速度一般 | 纺丝速度快,为100m/min以上 |
| 纤维 | 纤维表面有沟槽,体密度一般 | 纤维表面光滑,纤维致密,
密度较高 |

在 PAN 基碳纤维制备的整个工艺过程中,PAN 原丝是影响碳纤维产品品质和扩大生产的关键因素之一。只有得到取向度和强度高、热稳定化性能好、杂质和缺陷少以及纤度均匀的原丝,才有可能生产出高品质的碳纤维。高质量的原丝是生产高性能碳纤维的关键性因素。而AN 的共聚合是生产过程的开端,它对后续原丝纺制工艺参数和碳化工艺参数的确定起着相当重要的作用。PAN 共聚物的性质(如分子量大小及其分布、共聚物组分、热性能、纺丝原液黏度等)对原丝及碳纤维的性能产生了重要影响。

在纺丝工艺方面,用湿法和干喷湿纺都可生产出优质碳纤维 PAN原丝,但后者更适合纺出高质量原丝。同时,干喷湿纺无论是工艺还是设备仍在不断提高和完善,大有发展空间。鉴于干湿法纺丝工艺的先进性,日本东丽公司已采用该方法进行工业化生产,研制出了高性能的PAN 原丝和碳纤维。从表 1.1 中可以看出,干喷湿纺工艺可纺高分子量、高固含量和高黏度的 PAN 纺丝原液,纺丝成形时具有较大的正牵伸比,且可实现高速纺丝。同时,纺出的纤维体密度较高,表面平滑没有沟槽,可制得高性能碳纤维 [3,25]。而制备高分子量和合适分子量分布的 PAN共聚物,能够为干喷湿纺工艺提供合适的纺丝原液,有利于提高 PAN 原丝和碳纤维的质量,这成为一个亟待解决的科研问题。

1.3 PAN 共聚物的合成方法研究现状

1.3.1 共聚单体的选择

均聚 PAN 的大分子链结构较规整,且结晶度高,经预氧化环化时以自由基机理发生反应,难以控制,不能得到性能良好的碳纤维。制备碳纤维用 PAN 基前驱体时,一般要求 AN 含量在 96% 以上,通常加入少量乙烯基单体与 AN 进行共聚[1,2,12]。共聚组分选择的一般要求是:与 AN 有相似的竞聚率,容易聚合,聚合后能形成稳定的纺丝原液,可纺性好;能促进原丝的预氧化反应,预氧化后纤维结构均匀;碳化时结构缺陷尽可能少,且碳收率高[29]。

共聚单体的引入能够改善 PAN 纺丝原液的亲水性和丝条的致密性,可加速线形 PAN 大分子的环化,使均聚 PAN 在预氧化过程的自由基反应转化为离子型反应,缓和了纤维在预氧化时的剧烈放热反应,使放热反应易于控制,并提供氧向纤维芯部扩散和渗透的分子级通道,大大提高了预氧化和碳化速度,使碳纤维性能和碳化收率都得到提高[30-32]。同时,共聚单体的存在阻碍了大分子链上极性基团氰基(C ≡ N)与相邻碳原子氢键的形成,降低了 PAN 大分子链的柔性,提高了 PAN 共聚物的可纺性和可牵伸性能[33]。常用的共聚单体多为乙烯基类共聚单体,即丙烯酸类或丙烯类衍生物,如衣康酸(IA)[34-43]、甲基丙烯酸(MAA)[42-44]、丙烯酸(AA)[42-46]、丙烯酸甲酯(MA)[41,47,48]、甲基丙烯酸甲酯(MMA)[49,50]、丙烯酰胺(AM)[51,52]、乙酸乙烯酯(VAc)[53-55]等,如表 1.2 所示。

表 1.2　用于制备 PAN 原丝的共聚单体

序号	共聚单体	化学结构	参考文献
1	衣康酸(IA)	$CH_2=C$ (COOH) CH_2COOH	[34-43]
2	甲基丙烯酸(MAA)	$CH_2=C$ (CH_3) COOH	[42-44]
3	丙烯酸(AA)	$CH_2=CHCOOH$	[42-46]
4	丙烯酸甲酯(MA)	$CH_2=CHCOOCH_3$	[41,47,48]
5	甲基丙烯酸甲酯 (MMA)	$CH_2=C$ (CH_3) $COOCH_3$	[49,50]
6	丙烯酰胺(AM)	$CH_2=CHCONH_2$	[51,52]
7	乙酸乙烯酯(VAc)	$CH_3COOCH=CH_2$	[53-55]

$$m H_2C{=}CH + n H_2C{=}C \longrightarrow {+}H_2C{-}CH{)}_m {(}H_2C{-}C{)}_n$$

(1-3-1)

其中,IA 分子中的两个羧基能通过离子机理引发 PAN 原丝预氧化,且引发效率比较高,可明显降低环化温度,同时使放热峰变宽,放热速率降低,是目前最常用的共聚单体之一。如式(1-3-1)所示,为 AN 与 IA 的共聚合反应简式。在 AN 与 IA 的共聚合方面,张旺玺等[36-39]以偶氮二异丁腈(AIBN)为引发剂,研究了 AN 与 IA 在 DMSO 溶剂中的自由基溶液共聚合反应。结果表明:该反应符合自由基溶液共聚反应的一般规律:随着引发剂浓度的增加,单体转化率增加,但共聚物的相对分子质量下降,随着反应温度的升高,聚合速率提高,而相对分子质量下降。同时 IA 的加入,使 PAN 分子中 C≡N 基团的分子内和分子间偶极相互作用力减弱,降低了共聚物的结晶能力,并使共聚物放热峰变宽。随着共聚单体 IA 在共聚物中的摩尔分数的增加,共聚物的全同立构规整度增加,达到一定值后又呈下降趋势。姜庆利等[40]分别研究了 AN 与 IA 在 DMSO 与 DMF 两种溶剂中的自由基聚合反应,结果表明:在 DMSO 中 AN 与 IA 的聚合反应速度约为 DMF 中的 2.6 倍。贾罂等[53]采用水溶性的次氯酸钠($NaClO_3$)-焦亚硫酸钠($Na_2S_2O_5$)的氧化 - 还原体系为引发剂,研究了 AN/IA 的二元水相聚合反应,结果表明:在温度为 60℃,氧化剂 / 还原剂 = 1/3(重量比),氧化剂浓度为 0.1% 的条件下,反应 2h 可得相对分子量为 15~20 万的 PAN 聚合体。Devasia 等[56]研究了 AN/IA 在 DMF 和 DMF/H_2O 混合溶剂中的共聚合机理和反应动力学,他们认为反应过程中存在 AN 前末端效应,反应机理为前末端模型机理。根据该机理可推断出共聚物的微观结构,表明单个 IA 单元存在于很多 AN 长序中,使得 IA 能较好地催化 PAN 聚合物的环化反应。

除此之外,研究学者们也开始研究 AN 与一些新共聚单体的聚合反应。陈厚等[57-60]采用不同的聚合工艺,合成了 AN 与 N- 乙烯基吡咯烷酮(NVP)的共聚物,并对其合成动力学和结构性能进行了测试分析与表征。实验室的前期工作者通过对衣康酸(IA)进行氨化,开发了衣康酸铵——$(NH_4)_2IA$(AIA,它是 IA 的铵盐衍生物,易溶于水,微溶于 DMSO 等有机溶剂)作为新的共聚单体,并使用多种聚合方法(主要是均相溶液聚合和水相沉淀聚合)合成了 PAN 共聚物[33,61-65]。

1.3.2 常用合成方法

1.3.2.1 均相溶液聚合

均相溶液聚合是碳纤维工业生产中最常用、研究最为充分的一种方法,是反应单体和引发剂在合适溶剂中进行的聚合。该聚合体系由单体(AN 和共聚单体)、引发剂和溶剂三部分组成,这三部分组成了一个均一稳定的反应体系。随着聚合反应的进行,生成的 PAN 聚合物同时溶解在溶剂中,因此称为均相溶液聚合。进行均相溶液聚合时,常用的反应介质主要有 dmso、dmf、DMAc、$ZnCl_2$ 水溶液和 nascn 水溶液等[3]。溶剂的存在可降低向大分子的链转移反应,减少了 PAN 大分子的支化,有利于提高产品的最终性能。但是,溶剂的存在也会使 AN 自由基向溶剂转移,使聚合度降低而不易制得高分子量的 PAN 聚合物。它们都具有较大的链转移系数[3,66,67],因此在进行溶剂选择时应充分考虑。为了保证所得聚合物的纯净度,聚合体系中一般不会加入链转移剂。

均相溶液聚合体系的引发剂一般为油溶性引发剂,最常用的是偶氮二异丁腈(AIBN)。AIBN 有很高的引发效率,甚至可以达到 100%,基本上避免了大分子自由基向引发剂自由基的链转移,减少了分子缺陷的形成[3]。与其他几种溶剂相比,DMSO 溶液的极性相对较低,链转移系数较小,成为 AN 均相溶液聚合最常选用的溶剂。除了这些常规溶剂外,东华大学研究了 AN、MMA 和 IA 在离子液体 1- 丁基 -3- 甲基咪唑硼酸盐([BMM]BF_4)中的自由基三元共聚合反应,并与在传统溶剂 NaSCN 水溶液中 AN/MMA/IA 的三元共聚反应产物进行了比较,其产物结构与性能相差不大[68,69]。

均相溶液聚合法制备碳纤维最大的优点是生产工艺简单,聚合溶液经脱单、脱泡之后可以直接用于纺丝,即前述的一步法纺丝工艺。采用这种方法碳纤维生产成本比较低,而且所得 PAN 分子缺陷较少[3]。国内吉化、榆次、兰化等都采用过该方法进行工业生产,实际证明了该法的可行性[70]。

1.3.2.2 水相沉淀聚合

如果将前述的均相溶液聚合体系中的反应溶剂全部换成水作介质,同时把油溶性引发剂改为水溶性引发剂,由于单体 AN 在水中具有一定的溶解度[72](表 1.3),该聚合体系从油溶性体系转变成部分水溶性体系。在反应过程中,水溶性引发剂受热分解产生离子自由基后,引发水中的 AN 单体产生 AN 自由基,当链增长反应进行到一定程度时,PAN聚合物会以白色絮状沉淀从水相中析出。与均相溶液聚合体系相比,由于采用了不溶解 PAN 聚合物的水作为反应介质,因此称为水相沉淀聚合(也称为非均相溶液聚合或水相淤浆聚合)。该聚合体系由单体(AN和共聚单体)、水溶性引发剂和水组成,最终可以得到粉末状或颗粒状PAN 聚合物。这与均相溶液聚合体系最终形成均匀的 PAN 纺丝原液是截然不同的。

表 1.3　AN 在水中的溶解度[73]

温度(℃)	AN 在水中的溶解度(wt%)
0	7.2
20	7.35
40	7.90
60	9.10
80	10.80

与均相溶液聚合相比,AN 水相沉淀聚合具有以下优点[66,71]:

(1)此法通常采用水溶性氧化 - 还原引发体系,引发剂分解活化能较低。可在 30℃ ~55℃或更低温度进行聚合,因此所得产物色泽较白;采用单一的过硫酸盐作引发剂时,反应温度控制在 60℃左右即可,反应温度过高会使 PAN 聚合物的白度降低。

(2)水相沉淀聚合以水作为反应介质,反应热易于排除,聚合温度容易控制,聚合物的分子量及其分布较均一。

(3)聚合速率较快,转化率较高,聚合物粒子比较均匀。

(4)聚合物浆液易于处理,可省去溶剂回收过程,对硫氢酸钠溶液的纯度要求比一步法要低。

(5)干燥后 PAN 固体粒子可作半成品出售,以供其他化纤厂纺丝。

AN 水相沉淀聚合法的缺点是 [66,71]：

（1）PAN 固体粒子用于配制纺丝原液时，须经干燥后重新溶解，增加了生产工序的复杂性。

（2）聚合物浆状物分离、干燥耗能较大。

由于采用了链转移系数为 0 的水作为反应介质，它是聚合体系的不良溶剂，在聚合反应过程中不存在向溶剂的链转移反应，同时聚合时间比较短。因此，采用水相沉淀聚合反应，可以制备具有高平均分子量和聚合反应转化率的 PAN 聚合物 [53,61-65]。为了调节 PAN 聚合物的平均分子量，也会加入一些链转移系数较大（一般要求链转移常数 $C_s>0.5$）的有机溶剂作为分子量调节剂。由于链转移能力特别强，只需少量加入便可明显降低分子量，而且还可通过调节其用量来控制聚合物的分子量，如正十二烷基硫醇（n-DDM）、乙醇（CH_3CH_2OH）、异丙醇（IPA）等都可以作为分子量调节剂 [3,66,67]。

1.3.2.3 水相悬浮聚合

水相悬浮聚合是单体以小液滴的形式悬浮在水相中进行的聚合。AN 的水相悬浮聚合体系一般包括：聚合单体（AN 和共聚单体）、油溶性引发剂、水和分散剂四个基本组分。聚合时单体在机械搅拌作用下分散成均匀的小液滴，油溶性引发剂在小液滴中引发聚合反应，类似于本体聚合，产生的白色聚合物不溶于水而沉淀出来。由于分散剂的存在，单体小液滴的表面形成一层保护膜，可以防止黏结。在聚合过程中，水是作为反应介质存在的，它作为热交换与液滴分散的媒介。聚合结束后，回收未参与反应的单体，聚合物经洗涤、分离、干燥后，得到颗粒状的 PAN 聚合物。水相悬浮聚合一般具有以下优点 [72]：

（1）以水为分散介质，价廉、不需要回收、安全、易分离。

（2）悬浮聚合体系反应产率高、黏度低、温度易控制、产品质量稳定。

（3）由于没有向溶剂的链转移反应，其产物的相对分子质量一般比均相溶液聚合的产物高。

（4）与乳液聚合相比，悬浮聚合物上吸附的分散剂量少，有些还容易脱除，产物杂质较少。

（5）颗粒形态较大，可以制成不同粒径的颗粒粒子。聚合物颗粒直径一般在 0.05~0.2mm，有些可达 0.4mm，甚至超过 1mm。

水相悬浮聚合相对于均相溶液聚合最大的缺点是不能实现一步法连续纺丝，必须将制得的 PAN 进一步溶解，配制成一定浓度的溶液，脱泡之后才能用于纺丝。与水相沉淀聚合体系一样，水相悬浮聚合也采用水作为聚合体系的不良溶剂，不存在向溶剂的链转移反应，有利于提高 PAN 聚合物的分子量。张林等[73]和吴承训等[74]采用水相悬浮聚合工艺合成了相对分子质量大于 40×10^4 的 PAN 聚合体。陈厚等[45]采用水相悬浮聚合法合成了分子量高达 55×10^4 的 AN/AA 共聚物，并对 AN/NVP 的水相悬浮聚合工艺、热解反应动力学以及竞聚率进行了研究[57-59]。除采用 AIBN 作为引发剂外，厉雷等[75]采用偶氮二异庚腈（AIHN）作为引发剂，也制备出了具有高分子量的 PAN 聚合物，并与 AIBN 的引发体系进行了对比，研究发现，在相同的条件下 AIHN 的分解温度较低，分解速度快，可以在较低的温度下制得分子量较高的 PAN。

1.3.2.4 混合溶剂沉淀聚合

在水相中加入部分有机溶剂，采用少部分分散剂或者不使用分散剂，这种油溶性引发剂在有机溶剂和非溶剂的混合介质中进行的自由基聚合反应，也可以得到具有较高相对分子质量的 PAN 聚合物。由于采用均相溶液聚合常用的有机溶剂（如 DMSO、DMF 和 DMAc 等）和水作为混合反应介质，聚合过程中的 PAN 聚合物达到一定聚合度后也以白色絮状沉淀从混合介质中析出，因此称为混合溶剂沉淀聚合。混合溶剂聚合兼具均相溶液聚合和水相沉淀（或悬浮）聚合的双重优点。该聚合体系由单体（AN 和共聚单体）、油溶性引发剂、水、有机溶剂、分散剂组成。PAN 聚合物的后处理方法和水相沉淀（或悬浮）聚合相同。

王艳芝等[76]以 AIBN 为引发剂，聚乙烯醇（PVA）为分散剂，在混合介质 DMSO/H_2O 中进行自由基沉淀共聚合工艺，合成了黏均分子量为（10~80）$\times 10^4$ 的 AN/IA 共聚物。陈厚等[60]以 DMSO/H_2O 为溶剂，AIBN 为引发剂，合成了黏均分子量高达 50×10^4 的 AN/NVP 共聚物，并对其聚合反应合成动力学进行了研究。张旺玺[77]以 DMF/H_2O 为溶剂合成了 AN/AA 共聚物，黏均分子量为 10~20 $\times 10^4$。李培仁等[78]采用过氧化氢和抗坏血酸的氧化-还原引发体系,以 DMF/H_2O 为混合介质,合成了 AN/MA/IA 的三元共聚物,相对分子量达（21.1~45）×10^4,分子量分布指数（$D = \bar{M}_w / \bar{M}_n$,定义为聚合物重均分子量和数均分子量的比值）为 2.85~3.95。该聚合体系引发剂的选择与其对应的反应机理与水相沉淀聚合采用的氧化-还原引发体系具有一定的相通性,但是由于部分有机溶剂 DMF 的存在,稍微降低了 PAN 聚合体的平均分子量。Bajaj 等[79]采用混合溶剂沉淀聚合工艺,对 AN 与 IA 和 MAA 在 H_2O/DMF 混合溶剂中获得的 PAN 共聚物进行了对比研究。张引枝等[80]用混合溶剂法制得了黏均分子量大于 52×10^4 的 PAN 共聚物树脂,发现采用 DMF 水溶液体系作反应介质时,可以提高相对分子质量和反应速度;并且在 DMF 水溶液中,不良溶剂 H_2O 的含量在一定范围内越高,PAN 的相对分子质量和转化率也越高。

另外,张斌等[81]采用一种全新的含氟磺酸钾盐:ω 氯 -3 氧杂全氟十一烷基磺酸钾盐 [Cl（CF_2）$_9$O（CF_2）$_2SO_3K$] 于空气中电子辐照,生成含氟自由基。在石英管中装入一定量 AN,加入含氟自由基引发剂和溶剂（只加水作反应溶剂时,属于水相沉淀聚合体系;加入 10%DMF 水溶液作反应溶剂时,属于混合溶剂沉淀聚合体系）,在高纯氮气保护下用 500W 紫外灯辐照制得了黏均平均分子量为（50~90）×10^4 的 PAN 聚合物。采用其他非水沉淀剂也可用于合成 PAN 聚合物,如 Tsai 等[82,83]以 AIBN 为引发剂在丙酮和 DMSO 混合溶剂中聚合,通过控制引发剂的用量得到了平均分子量为（16.5~42.9）×10^4,分子量分布指数 D=1.6~3.1 的高分子量 PAN。混合溶剂聚合是目前碳纤维生产的一个研究方向。

1.3.2.5 乳液聚合

在乳化剂的作用下,借助机械搅拌,使单体在水中分散成乳状液,由引发剂引发而进行的聚合反应称为乳液聚合。乳液聚合是高分子合成过程中常用的一种合成方法。该聚合体系由单体（AN 和共聚单体）、水、水溶性引发剂和水溶性乳化剂四组分构成。其优点如下[72]:

（1）以水作溶剂,价廉安全,对环境十分有利。胶乳黏度较低,有利于搅拌传热、管道输送和连续生产。

（2）聚合速率快，同时产物分子量高，聚合可在较低的温度下进行。

（3）有利于胶乳的直接使用和环境友好产品的生产。直接应用胶乳的场合更宜采用该法。

但是该聚合方法如果需要固体产品时，乳液需经凝聚、洗涤、脱水、干燥等工序，成本较高。在产品中容易留有乳化剂等杂质，难以完全除净，不利于提高聚合物性能。

一些 AN 聚合物曾通过乳液聚合工艺制备。例如，钱斯特兰公司（现为孟山都公司）的 Acrilan 用的 AN/2-甲基-5-乙烯基吡啶共聚物，联碳公司的 Dynel 用的 AN/氯乙烯共聚物和西泰克公司的酸性染料可染地毯纤维用的 AN/四元胺单体共聚物。现在乳液聚合工艺已不用于纤维级的 PAN 生产[84]。

反相乳液聚合是以水溶性单体的水溶液为分散相，与水不相混溶的有机液体作连续相，在油包水型乳化剂存在下形成油包水乳液而进行聚合的过程。所用引发剂既可以是水溶性的（如过硫酸盐），也可以是油溶性的（如 AIBN、过氧化二苯甲酰 BPO）。AN 单体由于其部分水溶性，可采用反相乳液聚合工艺合成。Zhang 等[85]采用反相乳液聚合，以 AIBN 为引发剂，以十二烷基硫酸钠为乳化剂，在庚烷和水的混合介质中，合成了 PAN 均聚物和平均分子量超过 10^6 的 AN/MA/IA 三元共聚物，分子量分布指数 $D \approx 1.5$，具有制备高性能 PAN 前驱体纤维的潜力。

1.3.3 新型合成方法

1.3.3.1 离子聚合

由于存在链终止和链转移反应，采用传统的聚合方法（溶液聚合、水相悬浮聚合、乳液聚合、水相沉淀聚合等）合成的 PAN 分子量分布较宽，结构单元分布不均匀。利用离子聚合可以得到超高分子量，高立构规整度，组分分布均匀的聚合物。其聚合体系一般是由过渡金属离子引发剂、单体、溶剂组成。离子聚合要求的聚合环境非常高，单体、溶剂、引发剂、反应器具非常洁净，否则其中的杂质离子将会对反应起到阻聚作用。

吴承训等[86]采用阴离子模板聚合法,让单体在特定的微环境下形成有序的排列,进行定向聚合,得到具有较高分子量和高立构规整度(三单元组等规立构 $mm=0.569$)的 PAN 聚合物。日本 Nakano 等[87,88]采用阴离子聚合法,以 2- 正己基镁 /1,3,5- 环己三醇 / 三乙基铝为引发剂,在 135℃聚合 30min 得到转化率达 80%,具有超高平均分子量和高立构规整度(三单元组等规立构 $mm>0.70$)的 PAN。由于制备高性能碳纤维需要高分子量和高立构规整度的 PAN[8,9],因此,这种聚合方法将有助于进一步提高 PAN 基碳纤维的力学性能。

1.3.3.2 原子转移活性自由基聚合

离子聚合反应条件要求太高,反应不易控制。1995 年,美国 Carnegie-Mellon 大学王锦山等[89]首次提出原子转移活性自由基聚合(Atom Transfer Radical Polymerization, ATRP)工艺,该方法适用单体范围广,如苯乙烯及其衍生物、(甲基)丙烯腈、(甲基)丙烯酸类单体等[90],且反应条件温和,聚合方式也得到了拓宽。它既可以像自由基聚合一样进行本体、悬浮、溶液和乳液聚合,也可以像可控聚合一样合成各种制定结构的聚合物。

ATRP 的另外一个优点是能够合成分子量分布极窄的聚合物,甚至能够获得分子量分布单一的聚合物。原子转移活性自由基聚合以简单的有机卤化物为引发剂,过渡金属络合物作为卤原子的载体,通过氧化-还原反应,在活性与休眠种之间建立一种可逆的平衡,从而实现对聚合反应的控制[89,90]。

目前,关于 AN 的 ATRP 技术基本上还处于实验研究阶段,还没有利用 ATRP 技术合成碳纤维用 PAN 的工业生产报道,只有少数研究者在实验室利用该技术合成过 PAN。Matyjaszewski 等[90]采用 ATRP 技术在碳酸乙烯酯(EC)溶剂中,以 CuBr/2,2′ - 二吡啶(bpy)引发体系合成了高立构规整度的 PAN。陈厚等[91,92]以 AIBN/FeCl$_3$/ 琥珀酸(SA)为引发体系,在 DMF 溶液中进行了 AN 的 ATRP 研究。他还以二氯丙腈作引发剂,FeCl$_2$/SA 作催化剂,在微波加热条件下合成了分子量分布较窄的 PAN 聚合物[93]。这些研究学者们采用 ATRP 聚合方法都得到了结构规整度高,单元序列分布均匀、长度可控,分子量一定且分布极窄的 PAN。但目前的聚合工艺所需引发剂成本较高,聚合条件相对于一般聚合还是要求偏高,并且反应环节繁杂,这些都严重影响了工业化前景。无论如何,ATRP 作为一种新型的技术,仍不失为一种具有前途的可控聚合方法,应该加强对该技术的研究,争取能早日应用于工业化生产。

1.4 关于高平均分子量 PAN 的讨论

高聚物的平均分子量是高分子材料最基本的结构参数之一。为了生产高性能碳纤维,需要高力学性能的 PAN 原丝,提高 PAN 聚合物的平均分子量可以有效改善最终碳纤维的力学性能。

1.4.1 制备高性能碳纤维需要高平均分子量 PAN 的依据

目前,国内外专家与学者一致认为,优质 PAN 原丝是生产高性能碳纤维的基础。制备高质量的 PAN 原丝,高品质的 PAN 聚合物和先进的纺丝技术及设备是最重要的,二者缺一不可。高品质的 PAN 聚合物必须具备如下特点:高纯度,高分子量及合适的分子量分布;少的分子结构缺陷;理想的共聚单体及含量。通常,就平均分子量不同的同系聚合物而言,断裂强度随平均分子量的增加而提高。因此,采用高分子量的 PAN 共聚物进行纺丝是生产高强度 PAN 原丝的最有效途径[8,9,83,94,95]。

PAN 聚合物的平均分子量越高,所制得的碳纤维强度和模量越高。在一定范围内,提高 PAN 的平均分子量可以提高碳纤维的性能,分析其原因主要有以下几个方面:(1)提高 PAN 的平均分子量可以提高 PAN 原丝的强度。在平均分子量较低时,主链化学键力比分子间的作用力大得多,这时原丝的强度取决于分子间的作用力,平均分子量越高,分子间作用力越大,PAN 原丝的强度越高。Chari 等[96]研究了 PAN 原丝的机械性能与碳纤维机械性能的相关性,认为碳纤维杨氏模量大约是原丝杨氏模量的 20 倍。因此,提高 PAN 的平均分子量,增加原丝的强度,有利于提高最终碳纤维的性能。Tsai 等 [82,83] 研究平均分子量为 $(16.5{\sim}42.9) \times 10^4$ 的 PAN 前驱体对原丝的形态结构、力学性能和热性能以及最终碳纤维性能的影响。结果表明:提高 PAN 前驱体的平均分子量,原丝的断面由圆形向蚕豆形转变,耐热性提高,而且能明显提高原丝及其碳纤维的拉伸强度和断裂伸长率。(2)提高 PAN 的平均分子量可以减少其高分子链的端基数 [7]。每个聚合物线性大分子均有两个端基,端基也是影响 PAN 性能的重要结构因素。高分子链的端基取决于聚合过程中的引发和终止机理,端基可以来源于单体、引发剂、溶剂、分子量调节剂或其他杂质。端基的化学性质往往与主链不同,降低了纤维结构的规整性。在热稳定化和碳化过程中,其化学反应行为也不同于主链结构单元,使纤维结构产生缺陷,从而影响碳纤维的性能。因此,提高分子量减少端基数也有利于提高碳纤维的性能。(3)提高 PAN 的分子量可以增加碳纤维稠芳环的碳网长度。碳纤维之所以有高强度和高模量,是由于稠芳环的层面分子沿纤维轴择优取向,而且层面中的键能高达 400kJ/mol。因此,提高碳网长度是提高碳纤维性能的根本途径之一,而提高 PAN 聚合物的分子量有利于增加碳网长度 [7]。

1.4.2 高平均分子量 PAN 的制备

制备 PAN 纺丝溶液主要采用以 AN 为第一单体,与 IA、AA 等为第二单体,有时加入第三单体共聚的方法。根据上述关于 PAN 共聚物的合成方法介绍,可用于制备高分子量 PAN 共聚物的常规方法主要有以下几种:(1)AN 与共聚单体的水相悬浮聚合;(2)AN 与共聚单体的水相沉淀聚合;(3)AN 与共聚单体的混合溶剂沉淀聚合;(4)AN 与共聚单体的乳液聚合,该方法一般不适合纺丝。其他新型的聚合工艺在工业化生产中的应用存在较大的难度。实际上,用于 PAN 纤维工业生产最常用的聚合工艺方法是溶液聚合和水相沉淀聚合 [8,9,66]。在均相溶液聚合体系中,反应溶剂(DMSO、DMF 和 DMAc 等)具有较大的链转移常数,难以得到高平均分子量的 PAN,而且聚合反应时间长,分子量分布宽。工业上常用的水相沉淀聚合体系多用于腈纶的生产,它们对 PAN 聚合物的平均分子量要求不高。但是,水相沉淀聚合体系容易获得高分子量 PAN 共聚物的特性,在制备高性能的 PAN 原丝方面,显示出极为广阔的应用前景。

大部分研究者进行水相沉淀聚合时,一般采用含有碱金属离子的水溶性氧化 - 还原复合引发体系 [43,44,53,66,97,98],碱金属离子的存在不利于提高最终碳纤维的力学性能 [3,66]。进行纺丝时,一般需对纺丝溶液进行离子交换,去除金属离子,不但增加了生产环节和成本,而且也可能引入其他杂质。实验室的前期工作者选用不含碱金属离子的单一水溶性铵盐——过硫酸铵 [(NH$_4$)$_2$S$_2$O$_8$: APS] 作为引发剂,采用水相沉淀聚合工艺,以 AIA 为共聚单体,获得了黏均分子量超过 50×10^4,分子量分布指数 $D \approx 2.4$ 的 PAN 共聚物 [33,61-65]。这种方法不但没有引入碱金属离子,并且铵的引入使得聚合物的亲水性增加 [33]。除此之外,关于使用这种单一水溶性铵盐 APS 为引发剂,以常用单体 IA 为共聚单体进行水相沉淀聚合工艺的研究却较少。因此,本书主要以 IA 为第二单体,APS 为引发剂,采用水相沉淀聚合工艺,制备了高分子量的 AN/IA 共聚物,并对其结构和性能进行了测试分析。

1.5 PAN 共聚物的结构特性及一些关键问题

1.5.1 PAN 共聚物的结构特性

成纤聚合物应具备如下基本结构性能 [99-102]:

(1)线形大分子,具有一定的柔性,能牵伸,支链少,无庞大侧基。

(2)分子量较高,分子量分布较窄,无大量低聚体分子和高分子量尾端。分子量高,纤维才能具有一定的强度,并易于牵伸。分子量分布过宽将导致纤维不均匀,离散系数增大。

(3)大分子中具有极性基团。极性基团能增加大分子与溶剂之间的相互作用,使聚合物在溶剂中具有良好的溶解性能,形成均一、黏度较小的纺丝原液。同时,增加了聚合物的亲水性能,缩短纤维成形时间,减少纤维残余溶剂的含量,使最终的纤维具有一定的亲水性和吸湿性等。

（4）聚合物分子应具有良好的立构规整性。规整的大分子能够形成最佳超分子结构的纤维,使纤维结晶区(或有序区)与非晶区(或无序区)形成均匀规整的交互叠加结构。有序区使纤维强度增加,无序区决定了纤维的柔软性。

除了以上应具备的基本性能外,高性能碳纤维用 PAN 前驱体纤维还应具备以下特征 [2,3,8,9]。

1.5.1.1 聚合物上有适量的共聚单体

共聚组分多为不饱和酸及其衍生物或酯,其侧链一般包含可以引发 C ≡ N 环化反应的官能团,使环化反应在较低温度下进行,缓和放热反应,可避免集中放热 [103,104]。如果共聚单体中含有亲水基团,还可以使聚合物的亲水性增加,使溶剂向凝固浴的扩散速度增大,从而提高初生纤维的成形速度及水洗效率,减少最终纤维的残留溶剂含量 [33]。在同一条 PAN 大分子链上,由于强烈的相互排斥作用,C ≡ N 围绕主链按一定角度排列,整个大分子呈现刚性,PAN 大分子链在直径约为 0.6nm 的圆棒体空间内呈螺旋式构象排列 [3,19],如图 1.2 所示。

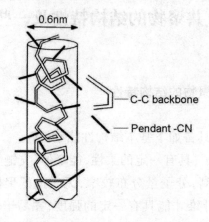

图 1.2　PAN 大分子结构模型 [3,19]

Warner 等 [105] 提出了一种两相准晶结构(tow-phase semi-crystal-line structure)模型,如图 1.3 所示。该模型中包含了相对有序的"准晶区"和无序的非晶区。几根至几十根圆棒体平行紧密排列,形成了相对有序的"准晶区",PAN 分子中未形成规则构象的分子链段形成了无序的非晶区。共聚单体的存在可以隔断 PAN 大分子链中相邻的 $C \equiv N$ 基团,减少大分子链上氢键的形成,同时也可以增加大分子链的自由体积,使分子链的柔性增加,提高 PAN 大分子的可牵伸性能。

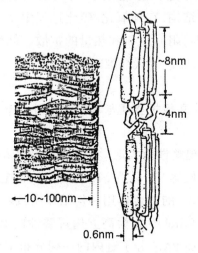

图 1.3 Warner 等人提出的 PAN 纤维的结构模型 [105]

1.5.1.2 分子原始结构缺陷少

分子缺陷一方面破坏了大分子的规整性,影响聚合物的序列分布、聚集态结构、链的牵伸和取向,另一方面还会影响到原丝环化的引发温度,这也是影响碳纤维强度的重要因素。聚合物分子的缺陷将会完全带入纤维中,也不会在纤维制备过程中消除。分子缺陷包括分子支化、头头与尾尾结构、杂质原子、凝胶等 [106]。这些缺陷都是在聚合阶段形成的,所以要在聚合阶段对工艺进行优化。对聚合原料提纯,保持聚合器具洁净;选择合适的单体、引发剂浓度以及共聚单体的比率,控制单体转化率;选择合适的聚合温度,并防止发生聚合体系局部过热现象等,这些措施都可以直接减少分子缺陷的数量。原液还需要经过精密过滤以去除可能存在的杂质及反应产生的凝胶。

1.5.1.3 较高的分子量($> 10^5$)及合适的分子量分布(D=2~3)

分子量及分布关系到纺丝原液的均匀性和碳纤维的强度。高分子量 PAN 可以提高碳纤维的强度。分子量分布较宽,在纺丝原液中过高或过低分子量的聚合物含量较高,严重影响了纺丝原液的均匀性,使得纺丝原液的黏度不稳定,增大了原丝的离散系数。并且低聚物的存在破坏了原丝的序列结构,在预氧化、碳化过程中发生分解产生大量的焦油,附着在原丝表面,阻碍了氧和热量的扩散。低聚物的分解也会在纤维表面产生空洞,从而影响碳纤维的性能。

1.5.1.4 较高的立构规整度与均匀的序列分布

分子链的立构规整性极大地影响着聚合物的结晶性、溶解性、熔点、密度等性能。万锏俊等[107]认为,PAN 聚合物的立构规整度越高,使得大分子链"天生缠结"的偶合作用和勾结作用减弱,有利于高黏度 PAN 纺丝原液的配制。Edie[108]认为高立构规整性的 PAN 能促进分子内环化反应。共聚单体在 PAN 分子链内的序列分布主要与共聚单体的化学结构和反应活性相关,其分布不仅会影响到高分子链的性能,还会影响原丝的牵伸性能和预氧化性能[109,110]。

1.5.2 PAN 共聚物的合成及纺丝原液制备的关键问题

无论是原丝还是碳纤维,其制备工艺和性能都与 PAN 的合成与纺丝原液的特性密切相关。抓住聚合物及原液的关键问题,对制备高性能原丝和碳纤维具有重大的意义。

1.5.2.1 聚合过程中聚合体系的均匀性与稳定性

不论采用油溶性引发剂,还是水溶性引发剂,在较低温度下引发剂都已经开始分解,但是速率太慢,生成的活性中心很少,聚合速度太慢,反应时间太长,不利于生产率的提高。如果反应温度用得太高,超过 AN 等聚合单体的沸点,则单体容易气化,反应器内压力增加,给操作带来困难,而且使反应过于剧烈,生产上也不易控制。并且 AN 的聚合反应是放热反应,随着聚合温度的升高,反应速度加快。在反应过程中,由于反应热不易带出或者搅拌不均匀,会在聚合体系中形成局部过热区。

在这些区域反应更加剧烈,产生更多的热量,使反应速度更快。这些区域的剧烈反应容易引起分子支化或分子交联,形成小颗粒凝胶,造成聚合物颜色不正。同时分子量也会较别处的偏低,分子量分布宽化。这些都对 PAN 聚合物的性质以及原丝和碳纤维产生了不利影响[66]。

AN 和共聚单体有不同的竞聚率,一般情况下共聚单体竞聚率较高。以 AIBN 为引发剂,AN/IA 在 DMSO 溶液聚合体系中测得 60 ℃时的单体竞聚率分别为:r_1(AN)=0.490,r_2(IA)=2.146[111]。笔者也曾对 APS 引发 AN/IA 水相沉淀聚合体系的单体竞聚率进行了计算:r_1(AN)=0.64,r_2(IA)=1.37[112,113](上述数据均为采用 Kelen-Tüdõs 法计算的结果)。从竞聚率的大小可以看出,共聚单体 IA 活性较高,更容易参与反应,随着反应的进行,未反应共聚单体的质量分数逐渐下降。甚至反应后期,反应体系中共聚单体的含量极低,聚合反应几乎变成 AN 的均聚反应,最终生成的 PAN 分子序列分布不很均匀。因此,必须优化聚合反应工艺,保持聚合体系的均匀性与稳定性,以获得分子量分布较窄,分子序列结构规整、均匀的 PAN。采用分批投料或者连续化生产工艺,有利于提高 PAN 大分子的序列分布结构[33,66]。

1.5.2.2 PAN 热性能与原丝预氧化行为的相关性

PAN 的预氧化是一个热稳定化的放热反应过程,也是碳纤维制备过程中的一个关键步骤。不同成分的 PAN 聚合物和原丝具有不同的环化反应引发机理。Gupta 等[8]认为 PAN 均聚物的环化反应是自由基引发,含羧酸类共聚单体 PAN 的环化反应则是离子基引发,AN 与其他单体共聚物的环化引发机理目前研究较少。自由基和离子基两种引发机理分别如图 1.4 和图 1.5 所示。

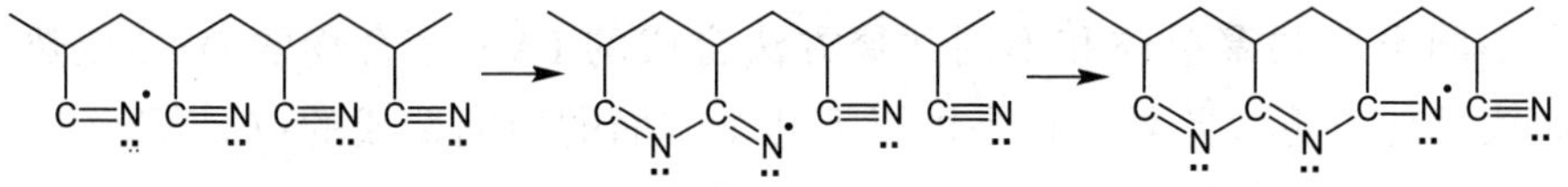

图 1.4 自由基机理引发 PAN 均聚物的环化反应[8]

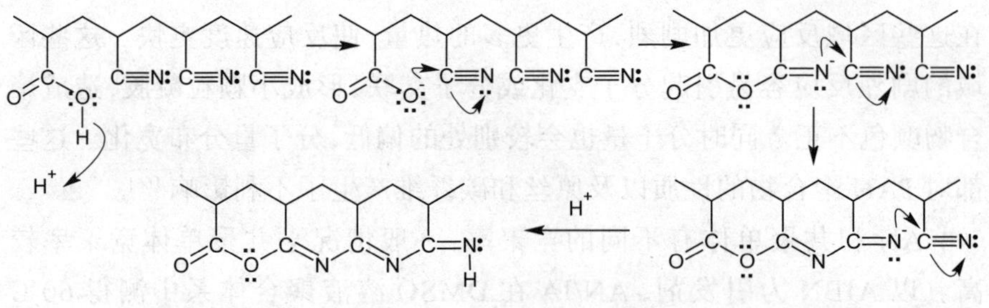

图 1.5　离子基机理引发 PAN 共聚物的环化反应 [8]

预氧化过程中的化学反应十分复杂,尤其是在空气中进行的预氧化反应比无氧气氛下的反应更为复杂。一般认为,PAN 聚合物在热稳定化过程中主要发生脱氢反应、环化反应和氧化反应,其中脱氢反应属于氧化反应。经过研究发现 [44,114-118],PAN 均聚物和以羧酸类乙烯基单体为共聚单体的共聚物在惰性气氛下的差示扫描量热分析(DSC)放热峰均为单峰,这与 PAN 聚合物在惰性气氛下存在微弱双峰现象是不同的。而在含氧气氛下 PAN 聚合物的 DSC 放热峰为重叠双峰或多峰,这种重叠的多峰现象表明预氧化过程中环化反应和氧化反应之间相互影响。在含氧气氛中,放热反应峰形较宽,放热峰的起始温度较低。Gupta 等 [44] 提出,在放热反应过程中,氧化反应比环化反应提前进行,但 Watt 等 [119] 和 Fitzer 等 [120] 则认为,环化反应是氧化反应的前提条件。Warner 等 [121] 将预氧化过程中复杂的化学反应分成两类:一是 C≡N 环化的引发反应和蔓延反应,称之为“先反应”;二是已经聚合的 C≡N 与氧结合的反应,称之为“后反应”,并提出了两种反应机理,即扩散控制和反应控制。这两种“反应”的先后性表明了 PAN 预氧化过程中化学反应的复杂性。

另外,在实验过程中,研究发现 PAN 聚合物与原丝之间的 DSC 曲线有很大的区别 [33]。在空气中进行预氧化时,由于氧的存在,造成了含有不同类型共聚单体和不同共聚方法合成的 PAN 聚合物的 DSC 放热曲线呈现出更大差异。这是由以下几个方面的原因造成的:(a)原丝中的 PAN 大分子具有较高的取向度,在受热过程中这些大分子解取向吸收一定的热量;(b)原丝中聚合物的结晶度较高,晶粒尺寸较大,温度升高时原丝的结晶度和晶粒大小都会发生变化,从而吸收一定的热量;(c)原丝中含有少量油剂,油剂具有一定的耐热性,在预氧化过程中会发生热解反应,对原丝的 DSC 曲线的位置和形状产生影响;(d)原丝中的少量溶剂和水分也会对原丝的热性能产生影响;(e)不同聚合工艺合成的 PAN 聚合物由于采用共聚单体类型、引发剂和反应介质的差异,造成聚合物本身物化结构存在一定的差异,因而 DSC 放热曲线存在较大差异;(f)在惰性气氛下,PAN 聚合物一般呈现出较窄的 DSC 放热峰。在空气气氛下,不同 PAN 聚合物的 DSC 放热峰形呈现出较大的差异,甚至有更复杂的放热反应峰出现。研究 PAN 聚合物的热解反应,并将其热行为和结构变化与 PAN 的预氧化过程关联起来,对研究 PAN 的热反应过程及反应机理具有重要的理论指导意义。

1.5.2.3 PAN 纺丝原液的配制

采用均相溶液聚合工艺时,可直接获得均一的 PAN 溶液,经过滤、脱单、脱泡等处理工艺后即可制得 PAN 纺丝原液。而采用二步法工艺,一般获得颗粒状或粉末状的 PAN 聚合物,所用纺丝原液需要额外配制。因此,在制备纺丝溶液时,对溶剂的要求有以下几点:(a)溶剂必须是聚合物的良溶剂,以便配成任意浓度的溶液。对于 PAN 纺丝工艺,一般原液浓度为 10wt%~25wt%(质量分数)。(b)溶剂要有适中的沸点。如果沸点过低,溶剂消耗太大,而且在成形时,由于溶剂的挥发过快,致使纤维成形不良。如果溶剂沸点过高,则不容易将其从纤维中除去,使加工设备复杂化。(c)溶剂要不易燃,不易爆,无毒性。(d)溶剂来源丰富,价格低廉,回收简易,在回收过程中不分解变质[122]。

根据"极性相近、相似相容和溶解度参数相近"的原则[122],配制纺丝原液时,所用溶剂与均相溶液聚合和湿法纺丝工艺所采用的溶剂是一致的。常用溶剂对 PAN 树脂的溶解能力的顺序如下[3]:

$$DMF>DMAc>DMSO>NaSCN>HNO_3>ZnCl_2$$

因此,当选择高分子量的 PAN 共聚物为溶质,配制高固含量的纺丝溶液时,尤其是在选择干湿法纺丝工艺时,以 DMSO、DMF 和 DMAc 等为代表的具有高溶解能力特性的有机溶剂显示出了更强的优势。另外,在聚合和纺丝原液配制的过程中,经常会引入一些杂质离子,这些杂质离子不仅影响聚合过程的稳定性,造成纺丝原液品质下降,也会对碳纤维的性能产生影响。Bajaj 等[123]研究了金属离子对 PAN 原丝结构和性能的影响,金属离子可以替代聚合物中 COOH 基团的 H 原子,生成金属羧酸盐,使 PAN 原丝的放热环化温度提高,阻碍了原丝通过离子机理形式发生环化,降低了最终碳纤维的力学性能。金属离子也是碳的氧化催化剂,在 PAN 原丝的预氧化、碳化等高温处理过程中,它也会慢慢逸出,留下一些空洞缺陷,进而会降低碳纤维的性能。降低原液中杂质离子的途径主要有:对原料进行纯化处理、不使用碱金属过氧化物作为引发剂、采用防腐处理过的聚合设备、聚合场所超洁净化。经过一系列处理后,纺丝原液中的杂质离子含量将大大降低,原丝和碳纤维的性能将得到极大提高。纺丝原液还需要经过精密的过滤才能进行纺丝,过滤一般要分多级,过滤精度逐渐提高。在脱单、脱泡之前首先进行大约 5μm 的一级过滤,以去除纺丝原液中较大的杂质和凝胶,从而提高脱泡效率。纺丝原液再经过两级过滤(大约 1μm 和 0.5μm),过滤掉大部分的杂质、溶胶和凝胶,然后在净化的空间纺丝,可制得高纯化的 PAN原丝。

1.6 本书的研究内容及意义

在整个 PAN 基碳纤维的生产过程中,高性能的 PAN 共聚物的制备是发展碳纤维工业的重中之重。为了制备高性能的 PAN 原丝前驱体和碳纤维,本书从制备高分子量 PAN 共聚物的角度出发,分别采用水相沉淀聚合和混合溶剂沉淀聚合工艺,主要从以下两个方面进行研究和探讨。

(1)以单一的不含碱金属离子的水溶性铵盐 APS 为引发剂,采用水相沉淀聚合工艺合成了高分子量的 AN/IA 共聚物,研究不同聚合反应因素对 AN/IA 共聚合反应转化率和共聚物相对分子质量的影响。重点探究 AN/IA 水相沉淀共聚合反应的动力学规律,测定单体的竞聚率;对不同聚合条件下获得的 AN/IA 共聚物进行化学结构和性能表征,并研究不同 PAN 聚合物的热性能及其在热处理过程中的结构和性能变化。

（2）分别以不含碱金属离子的单一水溶性盐（APS 或偶氮二异丁脒盐酸盐 V50）为引发剂，采用混合溶剂沉淀聚合工艺，重点探究不同聚合反应因素，尤其是混合溶剂配比和共聚单体配比对 AN 与 IA、AM 等乙烯基单体共聚合反应和产物相对分子质量的影响，并对其产物的化学结构和性能进行表征。重点研究 $FeCl_3$/ 有机酸、乳化剂的引入对 AN/MA、AN/IA 混合溶剂沉淀聚合工艺制备出 PAN 共聚物分子量和分子量分布的影响规律，及其对应的 PAN 产物化学结构和性能的变化。

参考文献

[1] kobets l p, deev i s. carbon fibers: structure and mechanical properties[J]. Composites Science and Technology, 1997, 57: 1571-1580.

[2] 王茂章, 贺福. 碳纤维的制造、性能及其应用 [M]. 北京：科学出版社, 1984.

[3] 贺福. 碳纤维及其应用技术 [M]. 北京：化学工业出版社, 2004.

[4] 贺福, 赵建国, 王润娥. 碳纤维工业的长足发展 [J]. 高科技纤维与应用, 2000, 25（4）：9-13.

[5] 罗益锋. 新世纪初世界碳纤维透视 [J]. 高科技纤维与应用, 2000, 25（1）：1-7.

[6] 罗益锋. 碳纤维的新形势与新技术 [J]. 新型炭材料, 1995, 10（4）：13-25.

[7] 吴雪平, 杨永岗, 郑经堂, 等. 高性能聚丙烯腈基碳纤维的原丝 [J]. 高科技纤维与应用, 2001, 26（6）：6-10.

[8] Gupta A K, Paliwal D K, Bajaj P. Acrylic precursors for carbon fibers[J]. Journal of Macromolecular Science-Reviews in

Macromolecular Chemistry and Physics, 1991, c31（1）: 1-89.

[9] Sen K, Bahrami S H, Bajaj P. High-performance acrylic fibers[J]. Journal of Macromolecular Science-Reviews in Macromolecular Chemistry and Physics, 1991, c36（1）: 1-76.

[10] rajalingam p, radhakrishnan g. polyacrylonitrile precursor for carbon fibers[J]. Journal of Macromolecular Science Part C: Polymer Reviews, 1991, c31（2-3）: 301-310.

[11] 许登堡, 吴叙健. 聚丙烯腈基碳纤维原丝 [J]. 广西化纤通讯, 2000, 2: 19-25.

[12] 郑伟. 黏胶基碳纤维的制造及其应用 [J]. 人造纤维, 2006, 36（4）: 23-27.

[13] 王德诚. pan 基及沥青基碳纤维生产现状与展望 [J]. 合成纤维工业, 1998, 21（2）: 45-48.

[14] 赵根祥, 邱海鹏. 聚酰亚胺基碳纤维的开发 [J]. 合成纤维工业, 2000, 23（1）: 75-77.

[15] Zhang D, Sun Q. Structure and properties development during the conversion of polyethylene precursors to carbon fibers[J]. Journal of Applied Polymer Science, 1996, 62: 367-373.

[16] newell A A, Edie D D, Fuller E L. Kinetics of carbonization and graphitization of PBO fiber[J]. Journal of Applied Polymer Science, 1996, 60: 825-832.

[17] 贺福, 赵建国. 世纪之交展望我国的碳纤维工业 [J]. 化工新型材料, 2000, 28（3）: 3-7.

[18] Mukesh K J, Abhiraman A S. Conversion of acrylonitrile-based precursor fibers to carbon fibers: Part 1. A review of the physical and morphological aspects[J]. journal of Materials Science, 1987, 22（1）: 278-300.

[19] Mukesh K J, Balasubramenian M. Conversion of acrylonitrile-based precursor fibers to carbon fibers: Part 2. Precursor morphology and thermooxidative stabilization[J]. Journal of Materials Science, 1987, 22（1）: 301-312.

[20] Balasubramanian M, Mukesh K J, Bhattacharya S K,

Abhiraman A S. Conversion of acrylonitrile-based precursor fibers to carbon fibers: Part 3. thermooxidative stabilization and continuous, low temperature carbonization[J]. journal of Materials Science, 1987, 22（11）: 3864-3872.

[21] Datye K V. Spinning of pan-fiber. part Ⅲ: wet spinning[J]. Synthetic Fibers, 1996, 4: 11-19.

[22] Datye K V. Spinning of pan-fiber. part Ⅱ: dry spinning[J]. Synthetic Fibers, 1995, 2: 7-11.

[23] 高健, 陈惠芳. 聚丙烯腈原丝及其干喷湿纺 [J]. 合成纤维工业, 2002, 25（4）: 35-38.

[24] 贺福. 高性能碳纤维原丝与干喷湿纺 [J]. 高科技纤维与应用, 2004, 29（4）: 6-12.

[25] Datye K V. Acrylic fibers by melt spinning process[J]. Synthetic Fibers, 1994, 3: 27-31.

[26] Edie D D, Fox N K, Barnett B C. Melt-spun non-circular carbon fibers[J]. Carbon, 1986, 24: 477-482.

[27] 乔福牛. 二甲基亚砜一步法碳纤维用聚丙烯腈原丝生产工艺 [J]. 合成纤维工业, 1995, 8（4）: 19-23.

[28] Bhardwaj A, Bhardwaj I S. ESCA characterization of polyacrylonitrile-based carbon fiber precursors during its stabilization process[J]. Journal of Applied Polymer Science, 1994, 51(12): 2015-2020.

[29] Gupta D C, Agrawal J P. Effect of comonomers on thermal degradation of polyacrylonitrile[J]. Journal of Applied Polymer Science, 1989, 38: 265-270.

[30] Tsai J S, Lin C H. The effect of the side chain of acrylate comonomers on the orientation, pore-size, and properties of polyacrylonitrile precursor and resulting carbon fiber[J]. Journal of Applied Polymer Science, 1991, 42: 3039-3044.

[31] Bajaj P, Kumari M S. Physicomechanical properties of fibers from blends of acrylonitrile terpolymer and its hydrolyzed products[J]. Textile Research Journal, 1989, 59（4）: 191-200.

[32] 崔传生. 丙烯腈/衣康酸铵共聚物的制备及其溶液性质的研究 [D]. 济南：山东大学, 2006.

[33] Coleman M M, Sivy G T. Fourier transform IR studies of the degradation of polyacrylonitrile copolymers：I. Introduction and comparative rates of the degradation of three copolymers below 200℃ and under reduced pressure[J]. Carbon, 1981, 19（2）：123-126.

[34] Zhang S C, Wen Y F, Yang Y G, Zheng J T, Ling L C. Effects of itaconic acid content on the thermal behavior of polyacrylonitrile[J]. New Carbon Materials, 2003, 18（4）：315-318.

[35] 张旺玺. 丙烯腈与衣康酸共聚物的合成与表征 [J]. 山东工业大学学报, 1999, 29（5）：411-416.

[36] 张旺玺, 姜庆利, 刘建军, 等. 丙烯腈与衣康酸的共聚合 [J]. 山东工业大学学报, 1995, 28（5）：401-406.

[37] 张旺玺. 衣康酸对聚丙烯腈原丝结构和性能的影响 [J]. 高分子学报, 2000（3）：287-291.

[38] 张旺玺, 李木森, 王艳芝, 等. 亚甲基丁二酸对碳纤维前驱体聚丙烯腈的作用 [J]. 山东大学学报(工学版), 2002, 32（3）：236-240.

[39] 姜庆利, 张旺玺, 刘建军, 等. 丙烯腈与衣康酸的溶液共聚合 [J]. 高分子学报, 1999（5）：640-643.

[40] 王占平. 丙烯腈-丙烯酸甲酯-衣康酸在氯化锌溶液中的聚合反应 [J]. 合成纤维工业, 1997, 20（2）：16-18.

[41] Bajaj P, Sen K, Bahrami S H. Solution polymerization of acrylonitrile with vinyl acids in dimethylformamide[J]. Journal of Applied Polymer Science, 1996, 59：1539-1550.

[42] Bajaj P, Paliwal D K, Gupta A K. Acrylonitrile-acrylic acids copolymers：I. Synthesis and characterization[J]. Journal of Applied Polymer Science, 1993, 49：823-833.

[43] Gupta A K, Paliwal D K, Bajaj P. Effect of the nature and mole fraction of acidic comonomer on the stabilization of polyacrylonitrile[J]. Journal of Applied Polymer Science, 1996（59）：1819-1826.

[44] 陈厚, 张旺玺, 蔡华甦. 丙烯腈和丙烯酸的水相悬浮聚合及表

征 [J]. 金山油化纤，1999（4）：7-11.

[45] 胡盼盼，朱德杰，赵炯心，等 . 超高相对分子质量聚丙烯腈浓溶液的制备 [J]. 合成纤维工业，1998，21（3）：10-13.

[46] Chang S. Thermal analysis of acrylonitrile copolymers containing methylacrylate[J]. Journal of Applied Polymer Science，1994，54（3）：405-407.

[47] 彭素云，张旺玺 . 丙烯腈与丙烯酸甲酯水相悬浮沉淀聚合研究 [J]. 中原工学院学报，2009，20（2）：4-6.

[48] 辽宁大学化学系高分子科研组 . 丙烯腈 - 甲基丙烯酸甲酯的氯化锌溶液共聚及其直接纺丝 [J]. 辽宁大学学报（自然科学版），1974（1）：12-18.

[49] 夏平，王康成 . 硫醇引发甲基丙烯酸甲酯与丙烯腈共聚的研究 [J]. 湖州师专学报，1992（6）：42-46.

[50] 吴雪平，张先龙，盛丽华，等 . 炭纤维前驱体丙烯腈 - 丙烯酰胺共聚物溶液的流变性 [J]. 高分子材料科学与工程，2008，24（10）：63-66.

[51] 韩娜，张兴祥，王学晨 . 丙烯腈 - 丙烯酰胺共聚物的合成与性能研究 [J]. 材料科学与工程学报，2007，25（1）：71-74.

[52] 贾墨，杨明远，毛萍君，等 . 用水相沉淀聚合法制备高分子量 PAN[J]. 山西化纤，1998（1）：1-5.

[53] 胡玉洁，王新伟，李青山，等 . 丙烯腈 / 乙酸乙烯酯二元共聚物流变性能研究 [J]. 合成纤维工业，2004，27（5）：1-3.

[54] 杜中杰，励杭泉 . 丙烯腈 / 醋酸乙烯酯单体的室温引发本体聚合 [J]. 高分子材料科学与工程，2000，16（4）：33-35.

[55] Devasia R，Nair C P R，Ninan K N. Solvent and kinetic penultimate unit effects in the copolymerization of acrylonitrile with itaconic acid[J]. European Polymer Journal，2002（38）：2003-2010.

[56] 陈厚 . 高性能聚丙烯腈原丝纺丝原液的制备及纤维成形机理研究 [D]. 济南：山东大学，2004.

[57] 陈厚，王成国，张旺玺，等 . 丙烯腈与 N- 乙烯基吡咯烷酮共聚体系对单体竞聚率的影响 [J]. 高分子材料科学与工程，2003，19（3）：72-74.

[58] 陈厚，王成国，蔡华甦，等．丙烯腈/N-乙烯基吡咯烷酮共聚物结构和热解反应表观活化能 [J]．化工学报，2003，54（1）：124-127．

[59] 陈厚，王成国，崔传生，等．丙烯腈与N-乙烯基吡咯烷酮在 H₂O/DMSO 混合溶剂中共聚反应动力学研究 [J]．功能高分子学报，2002，15（4）：457-460．

[60] Cui C S, Wang C G, Zhao Y Q. Acrylonitrile/ammonium itaconate aqueous deposited copolymerization[J]. Journal of Applied Polymer Science, 2006（102）：904-908.

[61] Cui C S, Wang C G, Zhao Y Q. Monomer reactivity ratios for acrylonitrile-ammonium itaconate during aqueous-deposited copolymerization initiated by ammonium persulfate[J]. Journal of Applied Polymer Science, 2005（100）：4645-4648.

[62] Cui C S, Wang C G, Jia W J, Zhao Y Q. Viscosity study of dilute poly（acrylonitrile-ammonium itaconate）solutions[J]. Journal of Polymer Research, 2006（13）：293-296.

[63] 赵亚奇，王成国．过硫酸铵引发丙烯腈/衣康酸铵的共聚合工艺研究 [J]．合成技术及应用，2007，22（1）：12-15．

[64] 赵亚奇，王成国，崔传生，等．过硫酸铵引发丙烯腈/衣康酸铵共聚合研究 [J]．化学工程，2007，35（4）：53-56．

[65] 上海纺织工学院．腈纶生产工艺及其原理 [M]．上海：上海人民出版社，1976．

[66] 任铃子．丙烯腈聚合及原液制备 [M]．北京：纺织工业出版社，1981．

[67] 赵天瑜，王华平，张玉梅，等．丙烯腈在离子液体中干的三元共聚反应 [J]．合成纤维，2005（6）：17-20．

[68] 徐燕华，赵天瑜，刘葳葳，等．离子液体中丙烯腈三元共聚的研究 [J]．合成纤维，2007（3）：21-25．

[69] 张旺玺，王艳芝，王成国，等．聚丙烯腈基碳纤维的制备工艺过程和纤维结构研究 [J]．化工科技，2001，9（5）：12-15．

[70] 李克友，张菊花，向福如．高分子合成原理及工艺学 [M]．北京：科学出版社，1999．

[71] 潘祖仁．高分子化学 [M]．北京：化学工业出版社，2002．

[72] 张林，杨明远，毛萍君．悬浮聚合反应制备高相对分子质量PAN[J]．合成纤维工业，1998，21（4）：29-31．

[73] 吴承训，何建明，施飞舟．丙烯腈的悬浮聚合 [J]．高分子学报，1991（1）：121-124．

[74] 厉雷，吴承训，张斌，等．超高分子量聚丙烯腈的制备及其合成动力学的研究 [J]．合成纤维，1997，26（7）：5-11．

[75] 王艳芝，孙春峰，王成国，等．混合溶剂法合成高分子量聚丙烯腈 [J]．山东大学学报（工学版），2003，33（4）：362-366．

[76] 张旺玺．丙烯腈与丙烯酸混合介质悬浮聚合工艺研究 [J]．合成纤维，2000，29（3）：6-9．

[77] 李培仁，单洪青．混合溶剂法制备丙烯腈共聚物的特性 [J]．北京化工大学学报（自然科学版），1995，22（2）：26-29．

[78] Bajaj P，Sreekumar T V，Sen K．Effect of reaction medium on radical coplymerization of acrylonitrile with vinyl acids[J]．Journal of Applied Polymer Science，2001（79）：1640-1652．

[79] 张引枝，李志敬，贺福，等．混合溶剂法合成高分子量PAN树脂 [J]．合成纤维，1993，22（6）：22-26．

[80] 张斌，赵祥臻，赵炯心，等．以含氟自由基为引发剂制备超高相对分子质量聚丙烯腈 [J]．合成纤维工业，1997，20（2）：19-22．

[81] Tasi J S，Lin C H．The effect of the side chain of acrylate comonomers on the orientation，pore-size distribution，and properties of polyacrylonitrile precursor and resulting carbon fiber[J]．Journal of Applied Polymer Science，1991（42）：3039-3044．

[82] Tasi J S，Lin C H．The effect of molecular weight on the cross section and properties of polyacrylonitrile precursor and resulting carbon fiber[J]．Journal of Applied Polymer Science，1991（42）：3045-3050．

[83] [美]Masson J C．腈纶生产工艺及应用 [M]．陈国康，沈新元，林耀，王瑛，杨庆，译．北京：中国纺织工业出版社，2004．

[84] Zhang C，Gilbert R D，Fornes R E．Preparation of ultrahigh molecular-weight polyacrylonitrile and its terpolymers[J]．Journal of Applied Polymer Science，1995（58）：2067-2075．

[85] 吴承训，万钢俊，赵炯心，等．阴离子模板聚合法合成较高立构规整性的聚丙烯腈 [J]．合成技术及应用，2000，15（1）：1-5.

[86] Nakano Y, Kunio H. Synthesis of ultra-high molecular weight polyacrylonitrile with highly isotactic content（$mm>0.60$）using dialkymagnesium/polyhydric alcohol system as catalyst[J]. Polymer International, 1995（36）：87-99.

[87] Nakano Y, Kunio H. Synthesis of highly isotactic（$mm>0.70$）polyacrylonitrile by anionic polymerization using diethylberyllium as a main initiator[J]. Polymer International, 1994（35）：207-213.

[88] Wang J S, Matyjaszewski K. Controlled/ "living" radical polymerization. Atom transfer radical polymerization in the presence of transition-metal complexes[J]. Journal of the American Chemical Society, 1995（117）：5614-5615.

[89] Matyjaszewski K, Jo S M, Paik H J, Gaynor S G. Synthesis of well-defined polyacrylonitrile by atom transfer radical polymerization[J]. Macromolecules, 1997（30）：6398-6400.

[90] Chen H, Qu R J, Liang Y, Wang C G. Reverse atom transfer radical polymerization of acrylonitrile[J]. Journal of Applied Polymer Science, 2006（99）：32-36.

[91] Chen H, Qu R J, Ji C N, Wang C H, Wang C G. Synthesis of polyacrylonitrile via reverse atom transfer radical polymerization catalyzed by FeCl$_3$/isophthalic acid[J]. Journal of Polymer Science Part A：Polymer Chemistry, 2006（44）：219-225.

[92] Chen H, Qu R J, Ji C N, Wang C H, Sun C M. ATRP of acrylonitrile catalyzed by FeCl$_2$/succinic acid under microwave irradiation[J]. Journal of Applied Polymer Science, 2006（101）：1598-1601.

[93] 张旺玺，王艳芝．高分子量聚丙烯腈的结构表征 [J]．中原工学院学报，2004，15（4）：19-23.

[94] 齐志军，宋威，林树波．PAN 原丝生产过程对碳纤维强度的影响因素 [J]．高科技纤维与应用，2001，26（5）：17-20.

[95] Chari S S, Bahl O P, Mathur R B. Characterisation of acrylic fibres used for making carbon fibres[J]. Fibre Science and Technology,

1981, 15（2）: 153-160.

[96] Ebdon J R, Huckerby T N, Hunter T C. Free-radical aqueous slurry polymerizations of acrylonitrile: 1. End-groups and other minor structures in polyacrylonitriles initiated by ammonium persulfate/sodium metabisulfite[J]. Polymer, 1994, 35: 250-256.

[97] Ebdon J R, Huckerby T N, Hunter T C. Free-radical aqueous slurry polymerizations of acrylonitrile: 2. End-groups and other minor structures in polyacrylonitriles initiated by potassium persulfate/sodium bisulfite[J]. Polymer, 1994（35）: 4659-4664.

[98] 高绪珊, 吴大诚. 纤维应用物理学 [M]. 北京: 中国纺织出版社, 2001.

[99] 董纪震, 赵耀明, 陈雪英, 等. 合成纤维生产工艺学 [M]. 北京: 中国纺织出版社, 1994.

[100] 张旺玺. 聚丙烯腈基碳纤维 [M]. 上海: 东华大学出版社, 2005.

[101] [苏] 彼烈彼尔金·K.E. 纺织纤维的结构与性能 [M]. 徐静宜, 韩淑君, 译. 北京: 中国石化出版社, 1991.

[102] Bang Y H, Lee S, Cho H H. Effect of methyl acrylate composition on the microstructure changes of high molecular weight polyacrylonitrile for heat treatment[J]. Journal of Applied Polymer Science, 1998（68）: 2205-2213.

[103] Tsuchiya Y, Sumi K. Thermal decomposition products of polyacrylonitrile[J]. Journal of Applied Polymer Science, 1977（21）: 975-980.

[104] Warner S B, Uhlmann D R. Oxidative stabilization of acrylic fibres[J]. Journal of Materials Science, 1979（14）: 1893-1900.

[105] Thorne D J. Distribution of internal flaws in acrylic fibers[J]. Journal of Applied Polymer Science, 1970（14）: 295-305.

[106] 万铜俊, 赵成学, 吴承训, 等. 立构规整性对 PAN 大分子天生缠结及溶解性的影响 [J]. 化学学报, 2000, 58（10）: 1307-1310.

[107] Edie D D. The effect of processing on the structure and properties of carbon fibers[J]. Carbon, 2002, 40: 25-45.

[108] Bahrami S H, Pajaj P, Sen K. Thermal behavior of acrylonitrile carboxylic acid copolymers[J]. Journal of Applied Polymer Science, 2003（88）: 685-698.

[109] Mittal J, Mathur R B, Bahl O P. Post spinning modification of PAN fibres-a review[J]. Carbon, 1997, 35（12）: 1713-1722.

[110] 孙春峰. 共聚单体与聚丙烯腈原丝及其碳纤维结构性能的相关性研究 [D]. 济南: 山东大学, 2004.

[111] Zhao Y Q, Wang C G, Wang Y X, Zhu B. Aqueous deposited copolymerization of acrylonitrile and itaconic acid[J]. Journal of Applied Polymer Science, 2009（111）: 3163-3169.

[112] Zhao Y Q, Wang C G, Yu M J, Cui C S, Wang Q F, Zhu B. Study on monomer reactivity ratios of acrylonitrile/itaconic acid in aqueous deposited copolymerization system initiated by ammonium persulfate[J]. Journal of Polymer Research, 2009（16）: 437-442.

[113] Bajaj P, Sreekumar T V, Sen K. Thermal behaviour of acrylonitrile copolymers having methacrylic and itaconic acid comonomers[J]. Polymer, 2001（42）: 1707-1718.

[114] Bahrami S H, Pajaj P, Sen K. Thermal behavior of acrylonitrile carboxylic acid copolymers[J]. Journal of Applied Polymer Science, 2003（88）: 685-698.

[115] Zhao Y Q, Wang C G, Bai Y J, et al. Property changes of powdery polyacrylonitrile synthesized by aqueous suspension polymerization during heat-treatment process under air atmosphere[J]. Journal of Colloid and Interface Science, 2009（329）: 48-53.

[116] Sen K, Bajaj P, Sreekumar T V. Thermal behavior of drawn acrylic fibers[J]. Journal of Polymer Science Part B: Polymer Physics, 2003（41）: 2949-2958.

[117] 于美杰. 聚丙烯腈纤维预氧化过程中的热行为与结构演变 [D]. 济南: 山东大学, 2007.

[118] Watt W, Johnson W. Mechanism of oxidation of polyacrylonitrile fibers[J]. Nature, 1975（257）: 210-212.

[119] Fitzer E, Müller D J. The influence of oxygen on the

chemical reactions during stabilization of pan as carbon fiber precursor[J]. Carbon, 1975, 13（1）: 63-69.

[120] Warner S B, Peebles L H Jr, Uhlmann D R. Oxidative stabilization of acrylic fibres. Part 1: Oxygen uptake and general model[J]. Journal of Materials Science, 1979（14）: 556-564.

[121] 何曼君, 陈维孝, 董西侠. 高分子物理 [M]. 上海: 复旦大学出版社, 2000.

[122] Bajaj P, Paliwal D K, Gupta A K. Influence of metal ions structure and properties acrylic fibers[J]. Journal of Applied Polymer Science, 1998（67）: 1647-1659.

[123] 曾小梅, 张莹, 赵炯心. 聚丙烯腈 - 二甲基亚砜溶液挤出胀大的研究 [J]. 合成技术及应用, 2004, 19（3）: 9-12.

[124] 王二轲, 陈惠芳, 潘鼎. PAN/DMS 体系湿法及干喷湿法纺丝可纺性的研究 [C]// 第十五届全国复合材料学术会议论文集, 2008: 330-334.

[125] 金日光. 高聚物流变学及其在加工中的应用 [M]. 北京: 化学工业出版社, 1986.

[126] Rahman M A, Ismail A F, Mustafa A. The effect of residence time on the physical characteristics of PAN-based fibers produced using a solvent-free coagulation process[J]. Materials Science and Engineering A, 2007（448）: 275-280.

[127] Bhanu V A, Rangarajan P, Wiles K, et al. Synthesis and characterization of acrylonitrile/methyl acrylate statistical copolymers as melt processable carbon fiber precursors[J]. Polymer, 2002（43）: 4841-4850.

[128] Rangarajan P, Yang J, Bahanu V, et al. Effect of comonomers on melt processability of polyacrylonitrile[J]. Journal of Applied Polymer Science, 2002（85）: 69-83.

第 2 章

AN / IA 水相沉淀共聚合的工艺研究

2.1　关于 PAN 聚合物平均分子量的理论计算 [1,2]

聚合物的平均聚合度($\bar{X}_n$)是链增长速率与形成大分子的所有链终止速率(包括链转移终止)之比[14]。

$$\bar{X}_n = \frac{R_p}{R_t + \sum R_{tr}} = \frac{R_p}{R_t + R_{tr,M} + R_{tr,I} + R_{tr,S}} \qquad (2\text{-}1\text{-}1)$$

其中,R_p 为链增长速率;R_t 为链终止速率;$\sum R_{tr}$ 为活性链链转移的总速率;$R_{tr,M}$、$R_{tr,I}$、$R_{tr,S}$ 分别为活性链向单体、引发剂、溶剂的链转移速率。

对 AN 的自由基聚合来说,无论是 AIBN 油溶性引发剂体系,还是水溶性引发体系,其引发效率都很高,并且其用量一般占总单体浓度的比重较少,因此可以忽略 PAN 活性链向引发剂的链转移反应,即 $R_{tr,I} \approx 0$。而活性链向单体本身的链转移反应是不可避免的,即:

$$\bar{X}_n = \frac{R_p}{R_t + R_{tr,M} + R_{tr,S}} < \frac{R_p}{R_{tr,M} + R_{tr,S}} \qquad (2\text{-}1\text{-}2)$$

于是,AN 聚合物的极限聚合度 $\bar{X}_{max}$ 为:

$$\bar{X}_{max} = \frac{R_p}{R_{tr,M} + R_{tr,S}} = \frac{k_p}{k_{tr,M} + k_{tr,S}} = \frac{1}{C_M + C_S \dfrac{[S]}{[M]}} \qquad (2\text{-}1\text{-}3)$$

其中,k_p 为活性链增长速率常数;$k_{tr,M}$、$k_{tr,S}$ 分别为活性链向单体、溶剂的链转移速率常数;$[M]$ 为单体浓度;$[S]$ 为溶剂浓度;C_M、C_S 分别为活性链向单体、溶剂的链转移系数。

PAN 活性链向单体、溶剂的链转移能力主要与温度有关,不同类型的溶剂也具有不同的链转移系数[3-6]。

(1)如果以常用有机溶剂 DMSO 进行 AN 的均相溶液聚合,由于活性链向溶剂的链转移系数很高,以单体浓度 $[M]$=22wt% 计算,则

$[M]$=4.23mol/L，$[S]$=10.18mol/L。经查 PAN 活性链向 AN 单体、DMSO 溶剂的链转移系数 C_M=2.7×10^{-5}，C_S=7.95×10^{-5}。把 C_M 和 C_S 值代入式（2-1-3），得 $\overline{X}_{max}$=4.58×10^3。由于 AN 单体的分子量为 53，故以 DMSO 为溶剂，采用均相溶液聚合工艺制备的 AN 聚合物的极限分子量 M_{max}=4.58×10^3×53=24.27×10^4。同理，可以计算出采用 DMF 和 DMAc 作溶剂时（前者 C_M 为 28.33×10^{-5}，后者 C_M 为 49.45×10^{-5}）的极限分子量分别为 M_{max}=4.35×10^4 和 M_{max}=7.48×10^4。

（2）采用 AIBN 作引发剂，AN 在水相悬浮聚合中，每一个小液滴可看作一个小本体，且反应溶剂水的链转移系数为 0。因此，PAN 活性链只向 AN 单体发生链转移，即式（2-1-3）中 C_S=0。把 60℃时 PAN 活性链向 AN 单体的链转移系数 C_M=3.0×10^{-5} 代入，可得水相悬浮工艺制备的 AN 聚合物的极限分子量为 M_{max}=3.33×10^3×53=176.67×10^4，明显高于均相溶液聚合工艺所制备的 AN 聚合物的分子量。

（3）水与 DMSO、DMF、DMAc 等有机溶剂，按照一定质量或体积配比组成混合溶剂，进行混合溶剂沉淀聚合工艺，兼具均相溶液聚合与水相悬浮聚合的优点，AN 聚合物的平均分子量介于均相溶液聚合与水相悬浮聚合之间。其分子量的大小与水和有机溶剂的配比有很大关系。

（4）对于采用水溶性引发体系的水相沉淀聚合工艺来说，由于忽略了活性链向引发剂的链转移，并且聚合体系完全以水作为反应介质，不存在向单体以外其他介质的链转移。因此，与水相悬浮聚合工艺类似，其极限分子量 M_{max} 也可达到 176.67×10^4，这是制备高性能 PAN 前驱体的必备条件。

（5）链活性自由基除了向单体、溶剂、引发剂转移外，还会向分子量调节剂和 PAN 大分子链发生转移。AN 自由基在不同溶剂中的链转移系数不同，选择链转移系数较大的溶剂（一般要求 C_S>0.5）作为 AN 自由基聚合的分子量调节剂，如 CH_3CH_2OH、IPA、n-DDM 等，从而达到调节 PAN 聚合物分子量的目的。活性链向大分子转移的结果是在主链上形成活性点，单体在该活性点上加成增长，即形成支链，成纤时可纺性变差。PAN 活性自由基对 PAN 大分子链具有较大的链转移系数[3]。因此，当聚合体系中有链转移系数大于 0 的溶剂，即非水溶剂存在时，可以减少活性链向大分子的链转移反应，降低大分子链的支化度，有利于提高相关产品的性能。

2.2　水相沉淀聚合工艺制备高分子量 PAN

由于受到共聚单体化学结构和聚合工艺参数等各种因素的相互作用,PAN 共聚物的结构和性能对纺丝原液的配制产生重要影响,并最终制约着 PAN 原丝和碳纤维的质量 [4-10]。制备 PAN 共聚物的方法主要有:均相溶液聚合、水相沉淀聚合、水相悬浮聚合以及混合溶剂沉淀聚合等。目前研制与生产 PAN 原丝所采用的工艺主要是均相溶液聚合一步法纺丝(湿法纺丝),即主要以 AN 为第一单体,加入一定量的第二单体或第三单体,在反应溶剂中进行共聚合反应。共聚单体的种类很多,主要有 IA、MAA、AA、MA、MMA、VAc 等。它们的主要作用是调控 PAN 大分子链的立构规整度,减弱大分子链上 C = N 基团之间强烈的偶极效应,使大分子链间的内聚能减小,并适当降低聚合物的结晶度,提高聚合物的亲水性能,改善纺丝原液的可纺性。同时,共聚单体的引入还可以降低 PAN 聚合物在预氧化过程中的环化引发温度,使纤维的柔软性和热弹性增加,收缩性提高 [5,6]。

制备高性能的碳纤维,需要高分子量、高立构规整度的 PAN 共聚物。均相溶液聚合工艺大多以具有较高链转移系数的有机溶剂(如 DMSO、DMF、DMAc 等)为反应介质,制得的 PAN 聚合物一般分子量较低,很难达到此要求。水相沉淀聚合工艺以水为反应介质,减少了向溶剂的链转移反应,可以制得较高分子量的 PAN[4]。在水相沉淀聚合体系中,大多数共聚单体在水中具有较高的溶解度。当聚合反应在水溶液相中引发之后,聚合物颗粒相就会成为新的聚合场所,进而吸附更多的 AN 和共聚单体参与到聚合反应中。因此,该工艺可以获得高共聚单体含量的 PAN 聚合物。贾曌等 [11] 选用含碱金属钠离子的复合引发体系作为引发剂,进行 AN 的水相沉淀共聚合反应,不利于提高最终 PAN 纤维的力学性能。以不含碱金属离子的单一水溶性无机铵盐——过硫酸铵(APS)作引发剂,铵的引入使得聚合物的亲水性提高,并且硫酸酯端基的引入不会破坏 PAN 聚合物预氧化时的结构完整性。崔传生等[12-14] 采用单一的 APS 引发剂,研究了 AN 与 AIA 单体的水相沉淀共聚合反应,发现 AIA 降低了 PAN 共聚物的预氧化起始温度,提高了 PAN 的亲水性能,有利于获得质量较好的碳纤维用原丝。而 IA 作为最常用的共聚单体,其相关研究却较少。研究 AN 与 IA 的水相沉淀二元共聚合反应,希望为干湿法纺丝工艺制备出分子量合适的 PAN 共聚物,并且为 PAN 纺丝原液的氨化改性、AN 的三元共聚合反应提供更多有价值的理论成果。

本章选用 IA 作为共聚单体,APS 作为引发剂,系统讨论了各反应条件(包括总单体浓度、单体配比、引发剂浓度、聚合反应温度、聚合反应时间和分子量调节剂)AN/IA 水相沉淀共聚合反应转化率及聚合物平均分子量的影响,并利用 EA、FTIR、WAXRD、¹H-NMR 和 ¹³C-NMR 等测试技术研究了不同 PAN 聚合物的物理和化学结构,为确定最佳的聚合工艺参数提供理论指导。具体研究技术路线如图 2.1 所示。

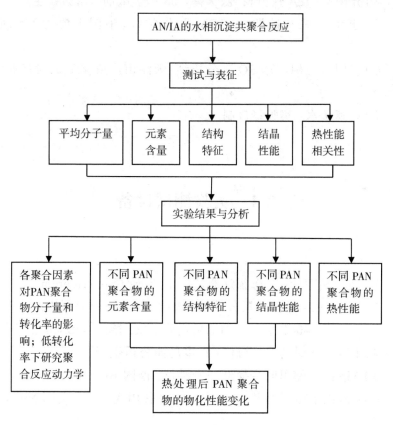

图 2.1　研究技术路线

2.3 原材料

（1）丙烯腈（AN）：分析纯,天津科密欧化学试剂有限公司生产,使用时进行常压蒸馏除去阻聚剂,取 76℃ ~78℃精馏分。

（2）衣康酸（IA）：分析纯,中国医药集团上海化学试剂公司生产。

（3）过硫酸铵 [（nh₄)₂S₂O₈: APS]：化学纯,天津市广成化学试剂有限公司生产,经重结晶提纯。

（4）异丙醇（IPA）：分析纯,天津广成化学试剂有限公司生产。

（5）正十二烷基硫醇（n-DDM）：化学纯,中国上海青浦试剂厂生产。

（6）二甲基亚砜（DMSO）：分析纯,天津市广成化学试剂有限公司生产。

（7）去离子水：实验室自制。

2.4 实验测试设备

（1）乌氏黏度计：上海医疗器械厂生产,管径 0.5~0.6mm。

（2）Vario EL- Ⅲ型元素分析仪：德国 Elementar 公司生产。

（3）Netzsch 404C 型差示扫描量热分析仪：德国 Netzsch 公司生产。

（4）TGC-40 型热重分析仪：日本岛津公司生产。

（5）Alpha 型傅里叶变换红外光谱仪：德国 Bruker 公司生产。

（6）Nexus 670 型傅里叶红外及拉曼联用光谱仪：美国 Nicolet 公司生产。

（7）Rigaku D/max-RC 型广角 X 射线衍射仪：日本理学公司生产。

（8）Avance 600 型核磁共振仪：瑞士 Bruker 公司生产，具有超导超屏蔽傅里叶变换功能，并配备 ^1H、^{13}C 超低温探头。

2.5　水相沉淀聚合工艺合成 PAN

在氮气保护条件下，将精馏过的 AN、共聚单体 IA 按照一定配比与水溶性引发剂 APS 和分子量调节剂（IPA 或者 n-DDM）混合均匀加入到定量的反应介质 H_2O 中，控制一定的搅拌速率，利用水浴加热促使水相沉淀聚合反应发生。由于沉淀剂——水的存在，聚合物淤浆沉积在小型聚合釜底部或悬浮在水中，甚至产生结疤。将聚合物浆液多次过滤、洗涤，在 50℃~60℃下真空进行充分干燥 6~8h，并注意避免在较高的温度下 PAN 粉末分解、发黄，即可得白色粉末状或颗粒状 PAN 聚合物。通过改变总单体浓度、单体配比、引发剂用量、聚合温度和聚合时间、分子量调节剂的类型和用量，研究各聚合反应因素对 AN/IA 共聚合反应的影响，进而获得聚合反应转化率较高、平均分子量及分子量分布合适的 PAN 聚合物。

2.6　测试与表征方法

2.6.1 聚合反应转化率的测定

由于水相沉淀聚合为非均相聚合体系，得到的 PAN 聚合物呈粉末状或颗粒状。经多次真空抽滤、洗涤除去未反应的 AN 单体等杂质，在烘箱中干燥至恒重。已知反应前聚合体系总质量为 m_1，总单体浓度为 C_t。根据烘干得到的聚合物质量 m_2，计算得出聚合反应体系的转化率为：

$$\text{Conversion (\%)} = \frac{m_2}{m_1 \times C_t} \times 100\% \qquad (2\text{-}6\text{-}1)$$

2.6.2 稀释外推法测定 PAN 聚合物的黏均分子量(M_v) [15–18]

（1）黏度计的选择：黏度计选择恰当与否，对分子量测定的准确性有很大影响。本实验所选黏度计为乌氏黏度计（UVM），并要求纯 DMSO 在其中的流出时间 t_0>100s。

（2）稀溶液的配制：将水相沉淀聚合工艺制得的 PAN 聚合物烘干后取 0.04~0.05g 溶入 50mL 分析纯 DMSO 中制得 PAN/DMSO 稀溶液。

（3）黏度测定：将 UVM 置于恒温(本实验所用温度为（50 ± 0.5）℃) 水浴中，分别对 PAN/DMSO 稀溶液逐步稀释，并测出其流出时间(t)及纯 DMSO 的流出时间(t_0)，每一溶液测 3 次以上，误差不应超过 0.4s，取其平均值。

（4）数据处理：由相对黏度 $\eta_r = \dfrac{t}{t_0}$，增比黏度 $\eta_{sp}/c = \eta_r - 1$，求得对应溶液浓度 c 下的比浓黏度 η_{sp}/c，根据 Huggins 方程：

$$\eta_{sp}/c = [\eta] + K_H[\eta]^2 c \qquad (2\text{-}6\text{-}2)$$

式中，K_H 为 Huggins 系数。由 η_{sp}/c 对 c 作图（图 2.2）外推至 $c \to 0$，求出 $[\eta]$。再由 Mark-Houwink 提出的非线性方程式：

$$[\eta] = K M_v^{\alpha} \qquad (2\text{-}6\text{-}3)$$

根据高分子实验手册，查得在 50℃时，PAN/DMSO 体系对应的常数 K=2.83 × 10^{-4}，α=0.758，从而求得 M_v。

2.6.3 聚合物中各元素含量的测定——元素分析(EA)

由 Vario EL- Ⅲ 型元素分析仪测定 PAN 聚合物的碳(C)、氮(N)、氢(H)和氧(O)元素的质量含量。根据 AN 与 IA 的聚合反应简式，可以认为 O 元素主要由 IA 单体引入，于是由下式可以计算 IA 单体链节在共聚物中的摩尔含量。

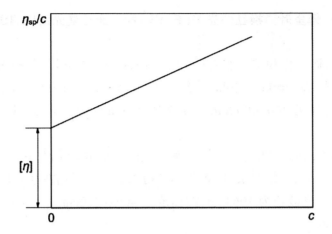

图 2.2　稀释外推法测定 PAN 聚合物的黏均分子量示意图

$$IA_{mol\%} = \frac{\dfrac{[O]}{4 \times 16}}{\dfrac{1 - \dfrac{[O]}{4 \times 16} \times 130}{53} + \dfrac{[O]}{4 \times 16}} = \frac{53[O]}{64 - 77[O]} \qquad (2\text{-}6\text{-}4)$$

2.6.4 差示扫描量热(DSC)分析和热重分析(TGA)

取聚合所得的 PAN 聚合物粉末或剪碎的 PAN 原丝 4~5mg 左右，在德国 Netzsch 404C DSC 分析仪和日本岛津 TGC-40 TGA 分析仪上进行热性能测试，其测量温度范围：PAN 聚合物为室温至 400℃，PAN 原丝为室温至 500℃。由于 PAN 原丝的 DSC 放热曲线与聚合物相比存在较大差异，测量范围变宽有利于热性能的表征。DSC 测试时，升温速率为 5℃ /min 和 10℃ /min，TGA 测试时为 10℃ /min，从而获得不同 PAN 聚合物和原丝的热分析曲线。上述测试气氛采用空气或氩气(空气中的氧为预氧化过程提供氧化性气氛，氩气提供惰性气氛)。

根据 PAN 聚合物的 DSC 特征峰温度，结合实验室的预氧化工艺条件，分别对 PAN 均聚物和喂料时单体配比 AN/IA (w/w)=99/1 的 PAN 共聚物在空气气氛中进行连续预氧化处理工艺，每个温度点处理时间为 8min。PAN 均聚物的热处理温度分别为 195℃、206℃、215℃、225℃、240℃、267℃、303℃、345℃。PAN 共聚物的热处理温度分别为 195℃、206℃、215℃、225℃、235℃、255℃、270℃、303℃、345℃。

2.6.5 傅里叶变换红外光谱（FTIR）和激光拉曼光谱（LRS）

PAN 聚合物粉末、经热处理后的 PAN 聚合物以及 PAN 原丝的 FTIR 图谱，在 Bruker Alpha 型红外光谱仪上采用 KBr 压片法进行测试，扫描范围为 400~4000cm^{-1}，分辨率为 4cm^{-1}，扫描 64 次，测试温度为室温。

利用 Nexus 670 型傅里叶变换红外拉曼联用光谱仪，在室温下测定 PAN 粉料的 LRS 图谱，把干燥的 PAN 粉末状样品平铺在样品槽中即可，测试所用激光波长为 1064nm，扫描范围 400~4000cm^{-1}，分辨率为 4cm^{-1}，扫描 400 次。

2.6.6 广角 X 射线衍射（WAXRD）

PAN 聚合物粉末、经热处理后的 PAN 聚合物以及 PAN 原丝的结晶性能采用日本 Rigaku D/max-RC 型广角 X 射线衍射仪测定。测试时，采用 CuKα 辐射源，Ni 滤波，加速电压和电流强度分别为 40kV 和 50mA。设定扫描间隔为 0.02°，扫描速度 3°/min，扫描衍射角 2θ 处于 5°~50°，测试条件为室温。PAN 聚合物和纤维样品的结晶度采用峰面积法计算[19,20]，如下式所示：

$$X_c = \frac{S_c}{S_t} = \frac{S_c}{S_c + S_a} \times 100\% \qquad （2-6-5）$$

其中，X_c 为样品结晶度；S_c 为 WAXRD 曲线对应晶峰下的面积；S_a 为 WAXRD 曲线对应非晶峰下的面积；S_t 为 WAXRD 曲线对应总衍射区下的面积。为了便于对比，对于 PAN 粉末来说，确定衍射角 2θ 处于 11°~21° 之间的衍射峰面积为 S_c，2θ 处于 11°~32° 之间的衍射峰面积为 S_t[21,22]。对于 PAN 原丝，则采用切线法确定晶峰和非晶峰的面积，这主要是由于 PAN 原丝比 PAN 粉末具有较好的结晶程度，使得 PAN 原丝的基线较平。

晶粒尺寸由 X 射线衍射图谱中衍射峰的半高宽或积分宽度直接算出[23]：

$$L_c = \frac{k\lambda}{\beta\cos\theta} \qquad （2-6-6）$$

式中，L_c 为晶粒尺寸；λ 为 X 射线波长（0.1542nm）；β 为半高宽或积分宽度（用弧度表示）；k 为常数（本文中 β 为衍射峰半高宽，用 FWHM 表示，取常数 k=0.89）。

2.6.7 核磁共振波谱（^{1}H–NMR 和 ^{13}C–NMR）

用氘代二甲基亚砜——DMSO-d_6 溶剂将 PAN 聚合物粉末配制成质量浓度为 8%~10% 的稀溶液，装入核磁用玻璃管中，在 Avance 600 型核磁共振仪上测定室温条件下的 ^{1}H-NMR 和 ^{13}C-NMR 图谱。

2.7　各聚合反应因素对 AN/IA 水相沉淀聚合反应的影响

在 AN 的水相沉淀聚合体系中，AN 单体在水中的溶解度较小，聚合体系在聚合反应未开始时分为两相——单体相（AN 相）和水溶液相（水相）。由于 AN 单体密度较小，使单体相位于水溶液相上面。随聚合反应进行，水溶液相中的 AN 单体逐渐消耗，单体相的 AN 逐渐向水相中扩散，并被聚合物颗粒相吸附，直到单体相完全消失。也就是说，单体相中的 AN 浓度会随单体转化率的增加而下降。在 APS 引发的聚合体系中，聚合物首先形成在水相中，这些聚合物呈絮状悬浮在水中，阻碍了 AN 向水相的扩散[12]。当有共聚单体参与时，IA 溶于水相中，并共聚到聚合物主链上。

在 AN/IA 的水相沉淀共聚合反应中，以总单体浓度 C_t=22wt%，引发剂浓度 [APS]=0.8wt%（占总单体浓度的质量分数），单体配比 AN/IA（w/w）=99/1，聚合温度 T=60℃，聚合时间 t=2h，搅拌转速为 450rpm，不采用链转移剂为实验基准，研究了各聚合反应因素对共聚合反应的影响。研究某一聚合因素对共聚合反应的影响时，其他聚合因素保持恒定，wt 和 w 代表以质量配比进行配料。

2.7.1 引发剂浓度对水相沉淀聚合反应的影响

引发剂浓度对 AN/IA 水相沉淀共聚合反应的影响如图 2.3 所示。从图中可以看出,在其他反应条件相同的条件下,随着喂料中引发剂 APS 用量的增加,单体转化率逐渐提高;聚合物的黏均分子量则随引发剂浓度的增加而降低。这是因为,随着引发剂 APS 用量的增加,单位时间内产生的硫酸根离子自由基(SO_4^{2-})也增多,活性中心浓度增大,这样单体的聚合速度就快,在一定时间内的单体转化率也就增加。聚合物的生成阻止了 AN 的进一步扩散,转化率增长幅度降低。另一方面,因离子自由基的增多,形成的活化中心也多,增长链浓度自然也随之增多,由增长链浓度决定的终止速率增大,增长链的生存时间变短,分子链也因此变短。因此,提高引发剂 APS 的浓度,不利于提高聚合物的平均分子量。从图 2.3 中可以发现,当引发剂浓度占总单体用量的 0.8wt%~1.2wt% 时,AN/IA 的水相沉淀共聚合反应具有较高的单体转化率,并且获得的 PAN 聚合物平均分子量较高。

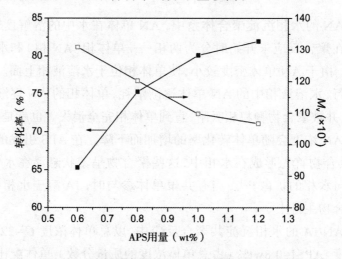

图 2.3　引发剂浓度对 AN/IA 共聚合反应的影响

2.7.2 总单体浓度对水相沉淀聚合反应的影响

总单体浓度对 AN/IA 水相沉淀共聚反应的影响如图 2.4 所示。从图中可以看出,随总单体浓度的升高,AN/IA 共聚合反应的转化率增加,聚合物的黏均分子量呈现下降趋势。上述这种变化规律是水相沉淀聚合本身所具有的特征,对此应作如下分析:在水相沉淀聚合反应过程中,AN 部分溶于水中[24],而 IA 和 APS 全部溶于水中。反应开始时,聚合反应首先在水溶液相中进行。由于引发剂与单体的比例保持恒定,随着单体浓度增加,单体进料量增加,引发剂的量也相应增加,这样就相对提高了水相中引发剂对单体的浓度,使反应活性中心浓度增加。随着反应进行,AN 单体在各相(包括单体相、水溶液相和聚合物颗粒相)之间的迁移达到相平衡。由于这两方面的原因,使聚合反应的转化率提高,聚合物的平均分子量下降。但是,总单体浓度过高时,聚合反应容易发生爆聚,不易控制。一般把总单体浓度控制在 22wt% 比较合适,不宜超过 25wt%。

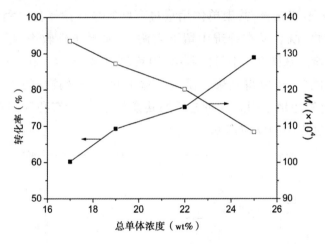

图 2.4　总单体浓度对 AN/IA 共聚合反应的影响

2.7.3 单体配比对水相沉淀聚合反应的影响

单体配比对 AN/IA 水相沉淀共聚合反应的影响如图 2.5 所示,随喂料时单体配比中 IA 含量的增多,聚合反应转化率先升高,出现一极大值后,转化率又开始下降,相应的黏均分子量也出现了同样的变化。通过对 AN/IA 二元共聚合反应的研究发现[25-28],IA 的竞聚率高于 AN。当加入少量的 IA 单体与 AN 共聚时,聚合反应转化率比 AN 均聚反应的转化率高。当 IA 含量达到 2wt% 时,聚合转化率高达 80%,此时聚合物的分子量也接近 130×10^4。

聚合反应速率和自由基活性有很大关系,而自由基活性受到位阻效应和电子效应两方面的影响[29]。当 IA 喂料低于 2wt% 时,聚合过程中形成的带有 IA 链自由基的活性高于 AN 链自由基的活性,共聚合反应容易进行,使其反应转化率比均聚反应提高,同时聚合物的分子量也升高。当 IA 用量高于 2wt% 时,单体转化率和分子量都开始下降。这主要是由于 IA 分子量比较高,分子体积较大,自由基链上空间位阻效应占主导地位,阻止了分子链的继续增长,使反应速率降低,分子量相应降低。由图 2.5 和上述分析可知,共聚单体 IA 的加入量不宜过低,也不宜过高。而且从 AN/IA 共聚物的热性能和提高碳纤维性能的角度看,IA 加入量过低,共聚物中引入的共聚单体链节较少,使预氧化速率较低,预氧化不够充分,共聚单体用量过高则容易在预氧化过程中形成更多的挥发物,既容易在纤维中留下空洞,又降低了碳收率,损害碳纤维的力学性能。从图 2.5 中可以看出,喂料时控制 IA 含量在 1wt%~2wt% 的浓度范围内,可以得到聚合反应转化率和分子量较高的 AN/IA 共聚物,使聚合物主链上引入含量合适的共聚单体链段,有利于控制 PAN 原丝预氧化过程中的反应速率。

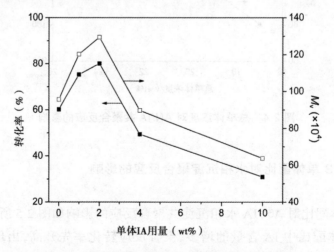

图 2.5　单体配比对 AN/IA 共聚合反应的影响

2.7.4 聚合反应温度对水相沉淀聚合反应的影响

聚合反应转化率与分子量随反应温度的变化如图 2.6 所示。从图中可以看出,随聚合反应温度的升高,单体转化率升高较快。这是由两方面因素共同决定的,一方面由于水相沉淀聚合反应本质上属于自由基链式增长反应,随着聚合体系的温度升高,供给反应体系的能量增加,引发剂 APS 的分解速度加快,产生自由基的速度加快,活性增加,单体同自由基碰撞的频率增大,从而使整个体系的总反应速度加快,聚合反应转化率提高;另一方面,随温度升高,AN 在水中的溶解度升高,水溶液相中单体浓度提高,使反应初期参与反应的单体增多,从而导致聚合转化率迅速升高。同时温度升高,链转移或链终止速率加快,AN 单体在温度较高时产生的活性中心互相偶合,使共聚物的黏均分子量降低[3, 11]。经研究发现,当反应温度过高时,聚合体系容易发生爆聚反应,并影响 PAN 聚合物的白度。一般以反应温度 $T=60\,℃$ 为宜,此时 APS 的分解速率不至于过快,反应较为平稳。

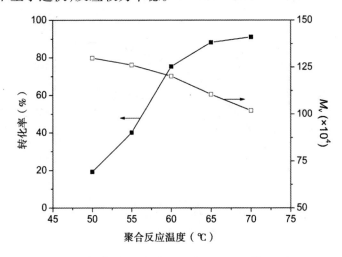

图 2.6　聚合反应温度对 AN/IA 共聚合反应的影响

2.7.5 聚合反应时间对水相沉淀聚合反应的影响

聚合反应转化率与分子量随反应时间的变化如图 2.7 所示。从图中可以看出,随着反应时间的延长,聚合反应转化率逐渐提高。转化率提高的速度是与 AN 单体向水溶液相和聚合物颗粒相的迁移联系在一起的,尤其在反应后期,单体迁移的速度直接决定着聚合反应的速率。由于生成的聚合物颗粒相阻止了更多 AN 单体的扩散,聚合反应转化率的提升速率趋于平稳[12]。随着反应时间增加,聚合物的平均分子量增大到一定程度后,在反应后期趋于平稳。这是由于随着反应进行,单体相中的 AN 不断补充到水溶液相中,使水相中 AN 的浓度在一定时间内保持稳定,但是自由基浓度略有下降,聚合物分子量增加;反应后期,AN 单体不断被聚合物颗粒相吸附,单体浓度和自由基浓度下降,聚合反应趋于平缓,聚合反应转化率和分子量变化幅度不大[12]。

由此可见,当聚合反应进行到一定程度时,延长反应时间有利于提高聚合反应的总转化率,但对提高聚合物的平均分子量影响不大。这种情况有利于在工业化生产中控制聚合反应转化率和聚合物的平均分子量。从图 2.7 中实验数据可以看出,当聚合反应时间 $t \geq 2h$ 时,AN/IA 水相沉淀共聚合的反应产率和聚合物平均分子量均较高,这样可以保证在连续生产线上进行聚合反应时,PAN 聚合物能够连续稳定出料。

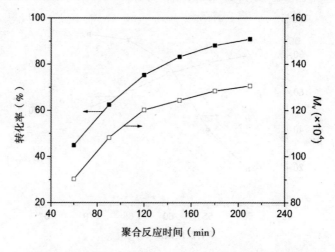

图 2.7　聚合反应时间对 AN/IA 共聚合反应的影响

2.8 PAN 聚合物的物化结构

2.8.1 EA

在改变单体配比的条件下水采用水相沉淀聚合工艺制备不同的 PAN 聚合物,其碳(C)、氮(N)、氢(H)、氧(O)元素的含量变化如图 2.8 所示。由于水相沉淀聚合工艺合成的 PAN 聚合物一般具有较高的平均分子量,聚合体系中引发剂 APS 和链转移剂引入的端基含量较少,由其引入的硫元素和氧元素含量可忽略。PAN 聚合物中的氧元素主要是由共聚单体 IA 引入。

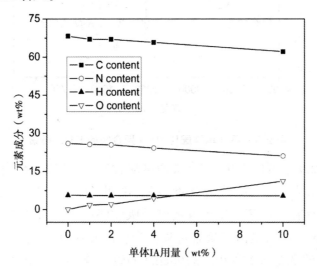

图 2.8 不同单体配比 PAN 聚合物的元素分析结果

从图 2.8 中可以看出,随聚合单体中 IA 用量的增加,氧元素含量呈现增加趋势,表明共聚物中 IA 链节的含量增加。由此可见,对于 AN 的水相沉淀聚合工艺,采用较高 IA 共聚单体喂料时,可以提高共聚单体在 PAN 聚合物中的含量,有利于缓和 PAN 聚合物的热反应过程。但是,当 IA 用量过高时,AN/IA 共聚物的分子量和转化率均较低。因此需要确定合适的 IA 单体用量,1wt%~2wt% 的用量比较合适。

2.8.2 FTIR

图 2.9 为不同单体配比的 PAN 聚合物的原位 FTIR 图谱,其中 P0 代表 PAN 均聚物,PI-1、PI-2、PI-3、PI-4 分别对应于喂料时的单体配比为 AN/IA（w/w）=99/1、98/2、96/4、90/10。图中 ν 代表官能团的伸缩振动,δ 代表官能团的弯曲振动。

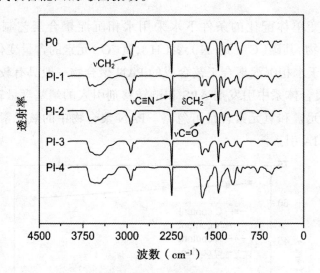

图 2.9 不同单体配比 PAN 聚合物的 FTIR 图谱

从图 2.9 中可以看出,在高波数区域,2244cm^{-1} 波数代表 C ≡ N 基团伸缩振动的特征,吸收峰强度最强,说明 AN 单元在共聚物中呈长链连续性存在 [26,30-32]。C ≡ N 的红外吸收峰附近出现了类肩峰,波数在 2192cm^{-1} 左右,是由于聚合过程中产生的 C=NH 双键的伸缩振动造成的 [33]。波数范围在 3200~3700cm^{-1} 的吸收峰可归因于羟基（OH）的伸缩振动,以及聚合过程中 C ≡ N 基团发生水解产生的 NH 基团在高波数区域的伸缩振动峰和倍频吸收峰。在波数 2940cm^{-1} 和 2870cm^{-1} 附近的吸收峰归因于亚甲基（CH$_2$）基团的伸缩振动（高波数对应非对称伸缩振动,低波数对应对称伸缩振动）[30]。在较低波数段,峰值在 1737cm^{-1} 处的红外吸收峰是由羰基（C=O）基团的伸缩振动造成的 [30,34],共聚物中 C=O 基团是由共聚单体 IA 引入的,该吸收峰的强度随喂料中 IA 单体用量的增加逐渐增大,这说明共聚物中 IA 单体链节的含量随其用量的增加而增大,这与前述的元素分析结果一致。在聚合过程中,C≡N 容易发生水解,产生 C=O 和 NH 基团。PAN 均聚物在 1737cm⁻¹ 附近存在微弱的 C=O 伸缩振动峰。而由 C≡N 基团水解产生的 NH 基团除了在高波数段存在吸收峰外,也与聚合反应过程中产生的 C=N 双键在 1627cm⁻¹ 波数附近存在较强的混合弯曲振动吸收峰,该吸收峰在 PAN 均聚物和共聚物中都是存在的[35]。在 1460~1440cm⁻¹、1370~1350cm⁻¹、1270~1220cm⁻¹ 区域内的吸收峰是由于不同 C-H 键的变角振动(又称变形振动或弯曲振动)造成的[36]。Minagawa 等[31] 把对应于 1250cm⁻¹ 和 1230cm⁻¹ 波数附近的变角振动归因于 CH_2 和 CH 基团,且与 PAN 聚合物的立构规整性有关。波数在 1180cm⁻¹ 附近的红外吸收峰归因于 C-O 单键的伸缩振动,并且与 1270~1220cm⁻¹ 的红外吸收峰重叠,这主要与水相聚合体系的复杂性和共聚单体 IA 有关。波数在 1075cm⁻¹ 附近的红外吸收峰归因于 CH_2 基团和 C-CN 的混合变形振动,以及 C-C 的骨架振动。而波数在 778cm⁻¹ 的振动峰则归因于 CH_2 基团的弯曲振动和 C-CN 基团的混合振动(伸缩振动和变形振动)。振动峰值在 538cm⁻¹ 波数附近的红外吸收峰则归因于 C-CN 基团的弯曲振动[30]。当 IA 喂料含量为 10wt% 时,多数红外振动吸收峰容易发生较强烈的重叠,使吸收峰增强。

2.8.3 LRS

图 2.9 为不同单体配比的 PAN 聚合物的 LRS 图谱曲线。根据 Raman 位移与 FTIR 波数之间的对应关系,从图 2.9 可以看出,Raman 位移在 2244cm⁻¹ 附近的振动峰对应于 C≡N 基团的伸缩振动,并且依旧是 LRS 谱线中的最强振动峰。以 2911cm⁻¹ 波数的振动峰为最强峰的组峰归属于 CH_2 基团的伸缩振动,并且有较明显的四峰分裂现象。而 1460~1440cm⁻¹、1370~1350cm⁻¹、1270~1220cm⁻¹ 的振动峰较弱,对应于不同 C-H 的变角振动。水相沉淀聚合工艺制备的 PAN 聚合物中的 C=O 基团由于没有 Raman 活性,在 LRS 谱线上没有吸收峰。

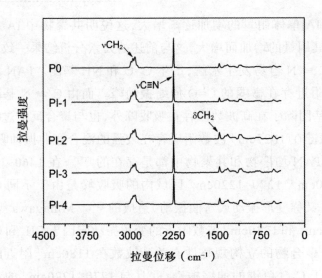

图 2.10　不同单体配比 PAN 聚合物的 LRS 图谱

2.8.4 WAXRD

PAN 聚合物的结晶性能在很大程度上影响着纤维的纺丝成形工艺及最终原丝的性能 [5,6,9,10,37]。PAN 分子是线形长链分子,大分子上的 $C \equiv N$ 基团之间存在强极性的相互作用,彼此相斥,使 $C \equiv N$ 只能按一定角度排列,妨碍了链段的规整排列,呈现出坚硬的刚性,形成了对称的圆棒体,这种具有一定刚性的圆棒体平行排列形成部分有序结构。PAN 大分子的这种结构称为类似晶体的准六方结构 [5,6,38-40]。加入共聚单体降低了 $C \equiv N$ 的强极性作用和 PAN 聚合物的内聚能密度,提高了可纺性;但破坏了分子链的结构规整性,改变了聚合物的结晶性能 [41]。目前,大多数研究者认为 PAN 聚合物和原丝中存在晶区(有序区)和非晶区(无序区)两相结构,X 射线衍射是研究 PAN 晶体结构及其演变的最常用的方法。PAN 原丝 X 射线衍射的典型特征是在赤道线上出现两个较强的衍射弧,分别对应 $2\theta \approx 17°$ 和 $2\theta \approx 29°$ 附近的 PAN(100)和(110)晶面衍射峰,晶面间距分别为 $d \approx 5.2Å$ 和 $d \approx 3.0Å^{[38,42-46]}$。在 $2\theta \approx 25.5°$ 附近有 $d \approx 3.3Å$ 的漫散射峰,以及除了赤道衍射外还有微弱的子午线衍射 [40,43-45]。

图 2.11 是不同单体配比的 PAN 聚合物的 X 射线衍射图,将其

对应的主衍射峰的衍射角 2θ，主衍射峰晶面间距 d、主衍射峰半高宽 FWHM、晶粒尺寸 L_c 以及结晶度 X_c 等参数结果列入表 2.1 中。

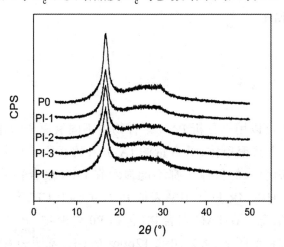

图 2.11　不同单体配比 PAN 聚合物的 WAXRD 曲线

表 2.1　基于图 2.10 中 PAN 聚合物的 WAXRD 曲线参数

样品	$2\theta(°)$	$d(nm)$	FWHM$(°)$	$L_c(nm)$	$X_c(\%)$
P0	16.88	0.5253	1.32180	6.242	46.24
PI-1	16.76	0.5290	1.27346	6.241	45.22
PI-2	16.78	0.5284	1.32683	5.990	43.46
PI-3	16.78	0.5284	1.19924	6.628	38.08
PI-4	16.88	0.5253	1.61317	4.928	38.42

从图 2.11 和表 2.1 中可以看出，PAN 聚合物在 $2\theta≈17°$ 和 $2\theta≈29°$ 附近具有两个较明显的特征衍射峰，前者峰形较强且尖锐，后者峰形较弱且宽化（计算结晶度大小时可以忽略），分别对应于准六方结构的（100）和（110）晶面。从表 2.1 中的数据可以看出，当 IA 用量低于 4wt% 时，随着 IA 组分的增加，聚合物的结晶度和晶粒尺寸逐渐降低。这是因为，当 IA 单体链节引入 PAN 聚合物主链后，破坏了晶区中 AN 连续单元的有序排列，使 PAN 聚合物的结晶能力降低，结晶峰强度减弱，无定形区增大，PAN 聚合物结晶度和晶粒尺寸降低。当 IA 用量在 4wt% 时，PAN 共聚物的结晶度达到最低，晶粒尺寸则最大。当过多的 IA 单体（喂料时 IA 用量为 10wt%）引入时，结晶度变化不大，晶粒受到

破坏,晶粒尺寸降到最低。

2.8.5 NMR

2.8.5.1 ^{1}H-NMR

^{1}H-NMR 可以用来分析 PAN 聚合物中不同氢原子的化学环境。由于采用 IA 作为共聚单体,低含量的 IA 引入的氢原子和其他由引发剂或者链转移剂引入的氢原子都不能显示在 PAN 聚合物的 ^{1}H-NMR 谱图上。因此,^{1}H-NMR 只能用来表征 PAN 主链上 CH$_2$ 和 CH 基团的氢原子的结构信息。在 PAN 聚合物(包括 P0 均聚物、PI-1 和 PI-2 共聚物)的 ^{1}H-NMR 谱图上,δ 2.10~2.12ppm 是 CH$_2$ 基团的氢原子吸收峰,δ 3.11~3.12ppm 是次甲基(CH)基团的氢原子吸收峰。而 δ 2.4ppm 和 δ 3.3ppm 分别对应 DMSO 和水的吸收峰。

对应于 CH 基团和 CH$_2$ 基团的氢原子吸收峰的积分面积比值基本上都在 1:2 附近,这与 PAN 的碳主链结构 H 原子的数目比值是一致的,并且 CH$_2$ 基团的氢原子吸收峰分裂为三个峰,CH 基团对应的氢原子吸收峰分裂为两个峰。

2.8.5.2 ^{13}C-NMR

PAN 大分子的立体规整性对原丝的结晶性能产生影响,从而影响预氧化过程。全同立构和间同立构排布的 PAN 大分子具有很好的规整性,统称为有规立构。有规立构有利于分子的结晶[3]。于晓强等[47]发现 PAN 大分子在进行环构化过程中要经历构象的反转,全同立构的 PAN 原丝在 50℃低温处理就能达到 90% 的相对环化率,比非全同立构的 PAN 原丝环化速度快,说明全同立构有利于环构化过程。因此,立体规整性对 PAN 原丝及后续工艺具有非常重要的意义。

利用 ^{13}C-NMR 谱图可以分析 PAN 聚合物的立构规整性。其中 δ 26~28ppm 是 PAN 主链上 CH 基团的碳峰,它分裂成三重峰,这是由于它们一方面受邻近基团的影响,存在不同程度的屏蔽作用,另一方面由于 C ≡ N 存在形成空间立构,也造成峰的分裂。在全同立构时,由于侧基 C ≡ N 对主链上碳形成屏蔽使其移向高场,间同立构相对位于较低场。因此,按照三单元归属,主链上 CH 基团分裂的三重峰,从低场到高场应为 rr(间同立构),mr(无规立构)和 mm(全同立构),如图 2.12 所示。

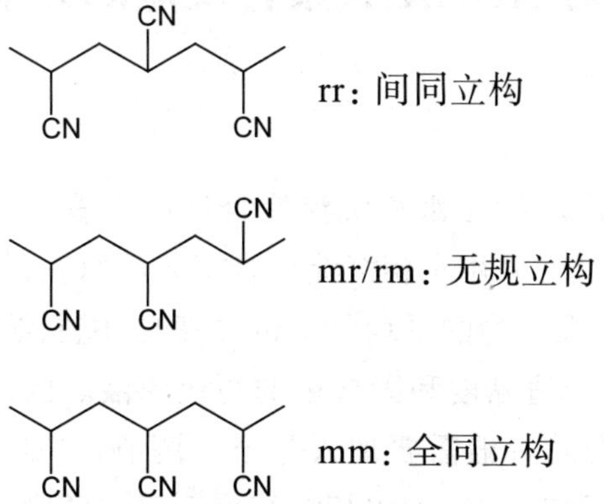

图 2.12　PAN 分子链中 CH 基团的三单元构型序列

表 2.2　不同 PAN 聚合物的 CH 基团三单元归属

化学位移(ppm)	归属	相对含量(%)		
		P0	PI-1	PI-2
~27.78	rr	21.5	21.6	21.5
~27.30	mr	51.3	51.5	50.0
~26.64	mm	27.2	26.9	28.5

利用 CH 基团叔碳原子的三个分裂峰,根据 ^{13}C-NMR 图谱上的积分数据,可以计算出 CH 基团的三单元序列分布,如表 2.2 所示。从表中数据可以看出,少量 IA 共聚单体的引入,对 PAN 聚合物的三单元立构规整度影响不大,其立构规整性仍为无规状态。

2.9　分子量调节剂对 AN/IA 共聚合反应的影响

从上述各聚合反应因素对 AN/IA 水相沉淀聚合反应来看,以单一的水溶性铵盐——APS 作引发剂,采用水相沉淀聚合工艺可以获得高分子量的 PAN 聚合物。但是,当聚合物的平均分子量过高时,配制纺丝原液的难度增加,不宜获得具有合适黏度和固含量的纺丝原液。因此,为了控制 PAN 的分子量,在聚合时一般需要加入分子量调节剂(如 IPA、n-DDM 等)。研究分子量调节剂对 AN/IA 水相沉淀聚合反应的影响时,采用引发剂浓度 [APS]=1.2wt%(占总单体浓度)为研究基准(采用较高的引发剂浓度,主要为了方便后期实验制备具有不同分子量的 PAN 纺丝原液时,聚合反应具有较高的转化率),其他配比基准同 2.7 节。

2.9.1 IPA 和 n–DDM 对 AN/IA 共聚合反应的影响

如图 2.13 所示为不同类型和用量的分子量调节剂对 AN/IA 水相沉淀二元共聚合反应的影响。在实验过程中,主要采用两种常用的分子量调节剂,即 IPA 和 n-DDM,研究其对聚合反应的影响。从图 2.13 中可以看出,当分子量调节剂用量增加时,PAN 聚合物的平均相对分子量下降,同时聚合反应转化率降低,这是由于 IPA 分子中存在活泼的氢原子,而 n-DDM 分子则含有较弱的 S-H 键,使 PAN 大分子自由基容易夺取氢原子而向 IPA 分子或 n-DDM 分子转移,另外形成一个新的自由基,聚合度因而降低。也就是说,分子量调节剂的存在,增加了聚合反应过程中的链转移反应,降低了聚合物的平均分子量。在 IPA 用量低于 4wt% 时,转化率下降较少;在其用量高于 4wt% 时,转化率下降幅度较大。随着 IPA 用量的增加,PAN 聚合物的分子量迅速降低。与 IPA 相比,少量 n-DDM 的引入就大大降低了 PAN 聚合物的相对分子量,转化率下降幅度则较小。这是由于 IPA 对 AN 单体的链转移系数是 48,n-DDM

链转移系数是 0.73, IPA 在聚合反应早期就有可能消耗殆尽,只有当采用较大量的 IPA 作为分子量调节剂时,分子量和转化率才能得到较大幅度的降低。链转移系数在 1 上下的化合物用作分子量调节剂时,可以使链转移剂的消耗速率与单体的消耗速率接近,在反应过程中可以保持链转移剂和聚合单体的浓度比值大体不变[3]。因此,采用 n-DDM 作为 AN 共聚合反应的分子量调节剂,虽然 PAN 聚合物的分子量变化较大,但聚合反应转化率变化却较小。采用高分子量 PAN 共聚物进行纺丝溶液配制时,一般聚合物的分子量不宜过高。根据实验室进行的纺丝实验,大多采用分子量范围在 20~25 万的 AN/IA 共聚物,比较适合制备性能良好的 PAN 纺丝原液。从图 2.13 可以看出, IPA 的用量控制在 5wt%~6wt%, n-DDM 的用量控制在 0.4wt%~0.5wt%,即可获得平均分子量为 20~25 万的 PAN 共聚物,此时的共聚合反应仍具有较高的转化率。这对在工业化生产上采用连续生产线制备 PAN 聚合物粉料是有利的。

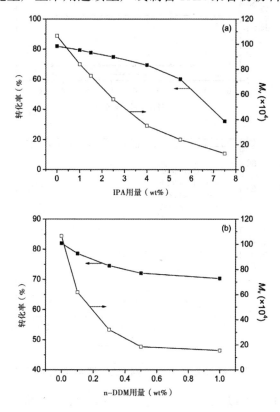

图 2.13　分子量调节剂对 AN/IA 共聚合反应的影响

2.9.2 不同分子量 AN/IA 共聚物的物化结构

2.9.2.1 EA

在单体配比 AN/IA（w/w）=99/1 的条件下，采用不同类型的分子量调节剂（IPA 和 n-DDM）获得不同的 PAN 共聚物，其 C、N、H、O 元素的含量随分子量调节剂用量的变化如图 2.14 所示。

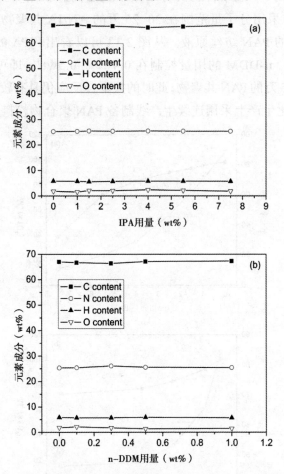

图 2.14　不同类型分子量调节剂 PAN 聚合物的元素分析结果

从图 2.14 中可以看出，IPA 用量的变化对 PAN 聚合物中的 C、N、H、O 元素的含量的变化影响较小，这与分子量对化学结构的影响是一

致的。也就是说,分子量调节剂的使用对 IA 单体链节在共聚物主链上
的引入量影响不大。结合图 2.13 可以看出,分子量调节剂只对聚合反
应的转化率和 PAN 聚合物的平均分子量产生较大影响,而对其元素含
量变化的影响不大。

2.9.2.2 FTIR

把图 2.14(a)中喂料时 IPA 用量为 0wt%、1wt%、2.5wt%、4wt%、
5.5wt% 和 7.5wt% 条件下获得的 PAN 共聚物分别编号为 PI-5~PI-10,
其对应的黏均分子量数据如表 2.3 所示。从表中数据可以看出,分子量
调节剂的使用对 PAN 聚合物分子量的变化产生较大影响。

表 2.3 不同分子量 PAN 共聚物的基本参数

样品	AN/IA(w/w)	IPA in the feed（wt%）	M_v（ $\times 10^4$ ）
PI-5		0	106.6
PI-6		1	84
PI-7	99/1	2.5	56
PI-8		4	35
PI-9		5.5	24
PI-10		7.5	13

对不同分子量 PAN 共聚物的化学结构进行表征,如图 2.15 所示。
可以看出,分子量大小的变化对 PAN 共聚物中的主官能团 CH_2 基团、
$C \equiv N$ 基团、C=O 双键基团的红外吸收峰位置影响较小,其他不同振动
模式的 C-H 键位置也没发生变化。由此可见,聚合物分子量的变化并
没有改变 PAN 共聚物中 AN 单元和 IA 单元的连续排列,其化学结构特
征改变不大。

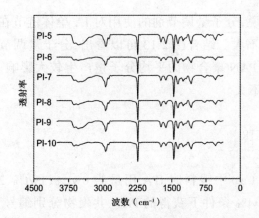

图 2.15　不同分子量 PAN 聚合物的 FTIR 谱图

2.9.2.3 WAXRD

图 2.16 所示为不同分子量 PAN 共聚物的 WAXRD 曲线,测试条件为室温。将其对应的 WAXRD 曲线参数列入表 2.4 中。

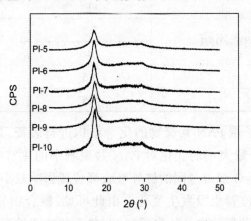

图 2.16　不同分子量 PAN 聚合物的 WAXRD 曲线

表 2.4　基于图 2.16 中 PAN 聚合物的 WAXRD 曲线参数

样品	2θ（°）	d（nm）	FWHM（°）	L_c（nm）	X_c（%）
PI-5	16.66	0.5322	1.36721	5.813	41.94
PI-6	16.74	0.5297	1.25610	6.327	45.21
PI-7	16.68	0.5316	1.12181	7.084	46.74

续表

样品	$2\theta(°)$	$d(nm)$	FWHM($°$)	$L_c(nm)$	$X_c(\%)$
PI-8	16.96	0.5228	1.29164	6.155	44.44
PI-9	16.80	0.5278	1.30661	6.083	53.00
PI-10	17.10	0.5186	1.17760	6.756	47.78

从图 2.16 和表 2.4 中可以看出，PI-5 共聚物样品由于没有采用分子量调节剂，具有较高的分子量，不利于有序区的形成，因此具有较低的结晶度和较小的晶粒尺寸。从整体上来看，PAN 共聚物的分子量较低时，其结晶度较大。当黏均分子量为 24 万时，PAN 共聚物的结晶度达到 53%。采用不同分子量的 PAN 共聚物进行纺丝时，由于分子量上的差别，纺丝过程中 PAN 纤维所受的各级牵伸和总牵伸倍数必然不同，致使最终原丝的物理性能和力学性能产生较大差异。

2.9.2.4 ^{1}H-NMR 和 ^{13}C-NMR

从 PI-5、PI-8 和 PI-9 样品的 ^{1}H-NMR 谱图上可以计算出对应于 CH 基团和 CH$_2$ 基团的氢原子吸收峰的积分面积比值约等于 1：2，并且 CH 基团分裂为两个峰，CH$_2$ 基团分裂为三个峰，这与前述不同单体配比条件下制备的 PAN 聚合物的 ^{1}H-NMR 是一致的。

表 2.5 不同分子量 PAN 共聚物的 CH 基团三单元归属

化学位移（ppm）	归属	相对含量（%）		
		PI-5	PI-8	PI-9
~27.78	rr	22.2	22.3	22.0
~27.30	mr	50.3	49.6	50.3
~26.64	mm	27.5	28.1	27.7

从不同分子量 PAN 共聚物的 ^{13}C-NMR 谱图上 CH 基团的积分强度，可以计算出 PAN 聚合物的三单元立构规整度，如表 2.5 所示。从表中数据可以看出，IPA 的引入对 PAN 聚合物的三单元立构规整度影响不大。

2.10 小 结

采用单一的水溶性无机铵盐——APS 合成了高分子量的 AN/IA 共聚物。研究了各聚合因素对 AN/IA 水相沉淀共聚合反应的影响,并对所得 PAN 聚合物的结构和性能进行了表征,得出了以下结论。

(1)在 APS 引发 AN/IA 的水相沉淀聚合体系中,随着引发剂用量、总单体浓度、反应温度的提高,聚合反应转化率均升高,PAN 聚合物平均分子量下降;随着反应时间延长,聚合反应转化率和 PAN 聚合物平均分子量均升高;随着单体配比中 IA 含量的增加,聚合反应转化率和 PAN 聚合物平均分子量均呈现先增大后减小的趋势,在 IA 用量为 2wt% 时,达到最大值。

(2)喂料时,随着 IA 含量的提高,PAN 聚合物中 O 元素的含量增加,表明 PAN 共聚物主链上 IA 单体链节的含量增加,FTIR 谱图中代表 IA 单体链节的 $1737cm^{-1}$ 附近的 C=O 基团的伸缩振动峰强度增强;在 PAN 聚合物的 FTIR 图谱和 LRS 图谱上,主官能团 C≡N 基团的伸缩振动峰均为最强峰,次官能团 CH_2 基团和不同 C-H 的振动也表现较强;从整体上看,共聚单体 IA 的引入,降低了 PAN 聚合物的结晶度,晶粒尺寸下降。

(3)随着分子量调节剂用量的增加,聚合反应转化率和分子量下降,但是聚合物中 C、N、H、O 各元素含量变化不大;IPA 对 PAN 共聚物的化学结构影响不大,当 PAN 共聚物分子量较低时,其结晶度较大。

(4)以总单体浓度 C_t=22wt%,单体配比 AN/IA(w/w)=99/1,引发剂浓度 [APS]=1.2wt%,聚合温度 T=60℃,分子量调节剂浓度 [IPA]=5wt%~6wt% 或 [n-DDM]=0.4wt%~0.5wt%,反应时间 ≥2h(PAN 共聚物在连续生产线上可以稳定出料)的聚合工艺配方,可以获得平均分子量为 20~25 万的 PAN 共聚物。

参考文献

[1] 陈厚. 高性能聚丙烯腈原丝纺丝原液的制备及纤维成形机理研究 [D]. 济南：山东大学, 2004.

[2] 张旺玺. 聚丙烯腈基碳纤维 [M]. 上海：东华大学出版社, 2005.

[3] 潘祖仁. 高分子化学 [M]. 北京：化学工业出版社, 2002.

[4] 上海纺织工学院. 腈纶生产工艺及其原理 [M]. 上海：上海人民出版社, 1976.

[5] 王茂章, 贺福. 碳纤维的制造、性能及其应用 [M]. 北京：科学出版社, 1984.

[6] 贺福. 碳纤维及其应用技术 [M]. 北京：化学工业出版社, 2004.

[7] 徐樑华. 突破原丝瓶颈效应加速我国 pan 碳纤维技术的发展 [J]. 炭素科技, 2001, 11（3）：3-5.

[8] 贺福. 优质原丝是制取高性能碳纤维的基础 [J]. 化工新型材料, 1993, 21（2）：9-14.

[9] Gupta A K, Paliwal D K, Bajaj P. Acrylic precursors for carbon fibers[J]. Journal of Macromolecular Science-Reviews in Macromolecular Chemistry and Physics, 1991, c31（1）：1-89.

[10] Sen K, Bahrami S H, Bajaj P. High-performance acrylic fibers[J]. Journal of Macromolecular Science-Reviews in Macromolecular Chemistry and Physics, 1991, c36（1）：1-76.

[11] 贾曌, 杨明远, 毛萍君, 等. 用水相沉淀聚合法制备高分子量 PAN[J]. 山西化纤, 1998（1）：1-5.

[12] 崔传生. 丙烯腈/衣康酸铵共聚物的制备及其溶液性质的研

究 [D]. 济南: 山东大学, 2006.

[13] Cui C S, Wang C G, Zhao Y Q. Monomer reactivity ratios for acrylonitrile-ammonium itaconate during aqueous-deposited copolymerization initiated by ammonium persulfate[J]. Journal of Applied Polymer Science, 2005 (100): 4645-4648.

[14] Cui C S, Wang C G, Jia W J, Zhao Y Q. Viscosity study of dilute poly (acrylonitrile-ammonium itaconate) solutions[J]. Journal of Polymer Research, 2006 (13): 293-296.

[15] Misra g s, Mukberjee p k. the relationship between the molecular weight and intrinsic viscosity of polyacrylonitrile[J]. Colloid and Polymer Science, 1978 (256): 1027-1029.

[16] 张美珍, 柳百坚, 谷晓昱. 聚合物研究方法 [M]. 北京: 中国轻工业出版社, 2000.

[17] 何曼君, 陈维孝, 董西侠. 高分子物理 [M]. 上海: 复旦大学出版社, 2000.

[18] 张兴英, 李齐方. 高分子科学实验 [M]. 北京: 化学工业出版社, 2004.

[19] 高绪珊, 吴大诚. 纤维应用物理学 [M]. 北京: 中国纺织出版社, 2001.

[20] Bell J P, Dumbleton J H. Changes in the structure of wet-spun acrylic fibers during processing[J]. Textile Research Journal, 1971 (41): 196-203.

[21] Hinrichsen G. Structural changes of drawn polyacrylonitrile during annealing[J].Journal of Polymer Science Part C: Polymer Symposia, 1972, 38 (1): 303-314.

[22] Gupta A K, Singhal R P. Effect of copolymerization and heat treatment on the structure and x-ray diffraction of polyacrylonitrile[J]. Journal of Polymer Science Part B: Polymer Physics, 1983, 21 (11): 2243-2262.

[23] 高家武, 张复盛, 张秋禹, 等. 高分子材料近代测试技术 [M]. 北京: 北京航空航天大学出版社, 1994.

[24] 李克友, 张菊花, 向福如. 高分子合成原理及工艺学 [M]. 北

京：科学出版社，1999.

[25] Zhao Y Q，Wang C G，Yu M J，et al. Study on monomer reactivity ratios of acrylonitrile/itaconic acid in aqueous deposited copolymerization system initiated by ammonium persulfate[J]. Journal of Polymer Research，2009（16）：437-442.

[26] Bajaj P，Paliwal D K，Gupta A K. Acrylonitrile-acrylic acids copolymers：I. Synthesis and characterization[J]. Journal of Applied Polymer Science，1993（49）：823-833.

[27] Bajaj P，Sen K，Bahrami S H. Solution polymerization of acrylonitrile with vinyl acids in dimethylformamide[J]. Journal of Applied Polymer Science，1996（59）：1539-1550.

[28] 孙春峰. 共聚单体与聚丙烯腈原丝及其碳纤维结构性能的相关性研究 [D]. 济南：山东大学，2004.

[29] 余木火，唐建国. 高分子化学 [M]. 北京：中国纺织出版社，1999.

[30] 张美珍，柳百坚，谷晓昱. 聚合物研究方法 [M]. 北京：中国轻工业出版社，2000.

[31] Minagawa M，Miyano K，Takahashi M，et al. Infrared characteristic absorption bands of highly isotactic poly（acrylonitrile）[J]. macromolecules，1988（21）：2387-2391.

[32] Bajaj P，Padmanaban M. Copolymerization of acrylonitrile with 3-chloro，2-hydroxy-propyl acrylate and methacrylate[J]. Journal of Polymer Science：Polymer Chemistry Edition，1983，21（8）：2261-2270.

[33] Usami T，Itoh T，Ohtani H，et al. Structural study of polyacrylonitrile fibers during oxidative thermal degradation by pyrolysis-gas chromatography，solid-state carbon-13 NMR，and Fourier-transform infrared spectroscopy[J]. Macromolecules，1990（23）：2460-2465.

[34] Sivy G T，Coleman M M. Fourier transform IR studies of the degradation of polyacrylonitrile copolymers[J]. Carbon，1981（19）：127-131.

[35] Deng S B, Bai R B, Chen J P. Behaviors and mechanisms of copper adsorption on hydrolyzed polyacrylonitrile fibers[J]. Journal of colloid and interface science, 2003（260）：265-272.

[36] Varma S P, Lal B B, Srivastava N K. Ir studies on preoxidized pan fibers[J]. Carbon, 1976（14）：207-209.

[37] Bohn G R, Schaefgen J R. Laterally ordered polymers：Polyacrylonitrile and poly（vinyl trifluoroacetate）[J]. Journal of Applied Polymer Science, 1961, 55（162）：531-549.

[38] Mukesh K J, Abhiraman A S. Conversion of acrylonitrile-based precursor fibers to carbon fibers：Part 1. A review of the physical and morphological aspects[J]. Journal of Materials Science, 1987, 22（1）：278-300.

[39] Mukesh K J, Balasubramenian M. Conversion of acrylonitrile-based precursor fibers to carbon fibers：Part 2. Precursor morphology and thermcexidative stabilization[J]. Journal of Materials Science, 1987, 22（1）：301-312.

[40] Gupta A K, Singhal R P. Effect of copolymerization and heat treatment on the structure an x-ray diffraction of polyacrylonitrile[J]. Journal of Applied Polymer Science：Polymer Physics Edition, 1983, 21（11）：2243-2262.

[41] Ko T H, Yang C C, Chang W T. The effect of stabilization on the properties of PAN-based carbon films[J]. Carbon, 1993, 31（4）：583-590.

[42] Bahl O P, Mathur R B, Kundra K D. Structure of PAN fibres and its relationship to resulting carbon fibre properties[J]. Fibre Science and Technology, 1981（15）：147-151.

[43] Bahl O P, Manocha L M. Characterization of oxidised PAN fibres[J]. Carbon, 1974（12）：417-423.

[44] Allen R A, Ward I M. An investigation into the possibility of measuring an 'X-ray modulus' and new evidence for hexagonal packing in polyacrylonitrile[J]. Polymer, 1994, 35（1）：2063-2071.

[45] Kumamaru F, Kajiyama T, Takayanagi M. Formation of

single-crystals of poly（acrylonitrile）during the process of solution polymerization[J]. Journal of Crystal Growth，1980，48（2）：202-209.

[46] Mathur R B，Bahl O P，Nagpal K C. Structure of thermally stabilized PAN fibers[J]. Carbon，1991，29（7）：1059-1061.

[47] 于晓强，庄光山，丁洪太，等．聚丙烯腈基碳纤维预氧化过程中环构化机理 [J]. 山东工业大学学报，1995，25（4）：301-306.

[48] Katsuraya K，Hatanaka K，Matsuzaki K，et al. Assignment of finely resolved ^{13}C NMR spectra of polyacrylonitrile[J]. Polymer，2001（42）：6323-6326.

single-crystals of poly(acrylonitrile) during the process of soution polymerization[J]. Journal of Crystal Growth, 1980,44 (2): 202-206

[14] Mathur R B, Bahl O P, Nagpal K C. Structure of thermally stabilized PAN fibers[J]. Carbon, 1991,29 (7): 1059-1061

[15] 贺福,王润娥. PAN 原丝的热稳定化. 新型炭材料及其在工业上的应用[J]. 材料工程, 1995,23 (3): 307-309

[16] Catenaccio A, Barenal K, Matsuzaki K, et al. A sequence of high resolved 13C NMR spectra of polyacrylonitrile[J]. Polymer, 2001, 42: 3769-3780

第 3 章

AN水相沉淀聚合的反应机理及合成动力学

3.1 前　言

制备优质的 PAN 原丝需要合适的 PAN 共聚物 [1-4]。一方面要选择适宜的共聚单体,另一方面也要选择合适的聚合工艺,这两方面都与共聚合反应机理密切相关 [5]。聚合反应速率与单体竞聚率决定着聚合物的分子量及分布、共聚物组成及其序列分布等各方面的性能,是聚合过程技术开发的主要依据,并直接影响到共聚物的性能 [6]。由于共聚单体的化学结构、活性大小以及聚合体系的不同,聚合单体竞聚率和聚合反应机理存在很大的差异,使合成的 AN 共聚物的结构与性能同 AN 均聚物差别较大。对 AN 水相沉淀聚合体系的单体竞聚率和反应机理进行研究,能为共聚单体的选择及其聚合工艺的优化提供重要的理论依据。

本章主要探讨 AN 水相沉淀聚合的反应机理,利用不同共聚组成的 AN/IA 共聚物,测算该聚合体系的单体竞聚率,并创立该聚合体系的反应速率方程。

3.2　AN 水相沉淀聚合的反应机理探讨

3.2.1 AN 水相沉淀聚合的理论基础

与均相溶液聚合体系不同,以水作为聚合反应介质,AN 单体在水中具有一定的溶解度,如 60℃时为 9.10wt% [7],采用水溶性引发体系引发聚合反应时,聚合产物不溶于水,不断从水相中沉淀出来,聚合体系属于非均相体系,这就是 AN 的水相沉淀聚合反应。当聚合反应未开始之际聚合体系为"均匀"的相,聚合反应一开始则产生浑浊,随反应程度加深,聚合体系的浑浊程度也增加。反应结束,聚合体系分为上下两层,上部液体较清,下部液体较为浑浊,体现了沉淀聚合的特征现象——有浓相(聚合物相)和稀相(单体相)出现。这是沉淀聚合所具有的不同于其他聚合反应体系的特征[8]。当 PAN 聚合度约为 10 时,即有从水相中沉淀出来的可能,形成聚合物颗粒[9]。聚合反应体系在初始条件下就存在两相(水相和未溶于水的单体相),并且随着反应的进行,新相——聚合物颗粒相产生,使聚合反应机理复杂化。

PAN 大分子活性链向反应介质 H_2O 的链转移常数小于向有机溶剂(DMSO、DMF、DMAc 等)的链转移常数,使得 AN 在水相体系中的聚合速率及产物分子量大于其在有机溶剂中的聚合速率及产物分子量。一般来讲,降低反应温度和引发剂用量,有利于提高聚合物的分子量,但会大大降低聚合反应速率和转化率。转化率的降低会使聚合原液中残留大量的单体,造成纺丝过程中单体回收的困难,而且还会影响到原丝的性能。采用链转移常数为 0 的 H_2O 作反应介质,可在提高聚合速率和转化率的同时,使聚合产物的平均分子量得到提高,有效解决了上述矛盾[10,11]。因此,与均相溶液聚合工艺相比,水相沉淀聚合体系显示出了独特的优势。

当有共聚单体存在时,共聚单体大多能溶于水。聚合反应未开始时,聚合体系分为两层。进行搅拌时,在剪切力的作用下,单体液层将分散成液滴,大液滴受力还会变形,继续分散成小液滴。单体和水之间的界面张力力图使液滴保持球形。界面张力越大,则保持球形的能力也越大。相反,界面张力越小,所形成的液滴也越小;过小的液滴还会聚并成较大的液滴。剪切力是液-液分散的推动力,界面张力则是阻力,两者构成平衡。液-液分散和液滴的聚并也构成平衡,最终达到一定的平均粒度。但聚合釜内各处的搅拌强度不一,因此产物的粒度有一定的分布[10,11]。

水相沉淀聚合体系一般不采用分散剂,当搅拌停止后,液滴将聚并变大,最后仍与水分层,这是未聚合的情况。聚合到一定的转化率,聚合物颗粒相在水相中沉淀下来,在搅拌的作用下,形成具有一定粒度和白度的 PAN 共聚物,并且可能发生黏结。黏结性的大小与聚合反应的搅拌强度、聚合反应的程度有很大关系[10,11]。

3.2.2 引发体系及引发机理

AN 的水相沉淀聚合反应一般采用水溶性的氧化 - 还原引发体系，国外早在 20 世纪 40 年代中期就着手研究。1950 年，美国杜邦公司以二步法聚合工艺开始年产 13 万吨的腈纶（商品名 Orlan），这是世界上投入生产最早的腈纶[12]。工业上广泛应用的引发体系有三类：（1）过硫酸盐 - 亚硫酸氢盐体系（美国杜邦公司、德国拜耳公司）；（2）羟胺磺酸盐 - 亚硫酸氢盐体系（日本旭化成公司）；（3）氯酸盐 - 亚硫酸氢盐体系（美国腈胺公司、日本爱克斯纶公司）[13]。近年来又有不少新的引发体系用于 AN 的水相沉淀聚合反应中，主要有过氧化单硫酸盐（PMS）-氧化钒 VO（Ⅱ）或巯基乙酸、焦磷酸锰 - 硫氰酸钾、锶盐 - 氨基酸型螯合剂等[14-17]。另外，也有其他一些氧化剂与还原剂的组合体系或者复杂的氧化 - 还原引发体系，如吴林波等[18,19]采用过硫酸钾 - 亚硫酸氢钠 - 硫酸亚铁铵组成的引发体系研究了 AN/MA/ 苯乙烯磺酸钠的三元共聚合。Ebdon 等[20,21]采用 APS- 焦亚硫酸钠和过硫酸钾 - 亚硫酸氢钠的氧化 - 还原引发体系合成了 PAN 均聚物，Bajaj 等[22]采用类似的引发体系分别合成了 AN 和 AA、MAA、IA 的共聚物。贾塈等[23]采用 $NaClO_3$-$Na_2S_2O_5$ 的水溶性氧化 - 还原体系，在 pH 为 2~3 的范围内合成了高分子量的 PAN 聚合体。

为了使水溶性氧化 - 还原体系有效分解，产生自由基，一般聚合体系需呈酸性，且可通过调节体系的 pH 来控制引发速率。例如，对于 $NaClO_3$-Na_2SO_3 引发体系，只有在 pH 低于 4.5 时才能引发反应，合适的 pH 为 1.9~2.2[11]。这些常用的引发体系中一般含有碱金属离子，容易在配制纺丝溶液时引入碱金属离子。在纺丝前进行去金属离子处理，不但增加了生产环节和成本，也可能会引入其他杂质。采用不含碱金属离子的引发体系合成高分子量 PAN 聚合物，有利于提高 PAN 原丝的力学性能。崔传生等[24,25]采用含单一的 APS 水溶性引发剂研究了 AN/AIA 的水相沉淀共聚合的竞聚率和所得共聚物的黏度特性。笔者研究了该聚合体系下聚合工艺参数对聚合反应的影响[26]。

采用水溶性氧化 - 还原引发体系或单一的过硫酸盐引发体系，都易在引发剂分解时产生离子型自由基，进而发生链引发、链增长和链终止反应。例如，在过硫酸盐 - 亚硫酸氢盐（或焦亚硫酸盐、亚硫酸盐）

体系引发合成 PAN 的过程中,过硫酸根离子($S_2O_8^{2-}$)与亚硫酸氢根离子或亚硫酸根离子(即 HSO_3^- 或 SO_3^{2-}),相互作用生成硫酸根离子自由基($SO_4 \cdot^-$)和亚硫酸氢根自由基($HSO_3 \cdot$)或亚硫酸根自由基($SO_3 \cdot^-$)。在焦硫酸根离子($S_2O_5^{2-}$)存在时,$S_2O_5^{2-}$ 与 H_2O 首先起作用生成 HSO_3^-。一般认为,在低于 60℃时,$S_2O_8^{2-}$ 与 HSO_3^- 或 SO_3^{2-} 发生反应生成 $SO_4 \cdot^-$ 与 $HSO_3 \cdot$ 或 $SO_3 \cdot^-$ 的反应是主要反应。$S_2O_8^{2-}$ 不与其他离子相互作用,分解生成 $SO_4 \cdot^-$ 的反应一般在接近 60℃的温度时发生。在水相聚合体系中,引发剂在热作用下相互反应中生成的离子自由基 $SO_4 \cdot^-$、$HSO_3 \cdot$ 或 $SO_3 \cdot^-$ 容易与 H_2O 相互作用而生成羟基自由基($HO \cdot$)。也就是说,水的存在对自由基的形成具有一定作用[20]。当带有 AN 单元的链自由基生成时,即可进行链增长反应。当两个具有活性的链自由基相遇时,即可发生链终止反应(包括偶合终止和歧化终止)[10]。

3.2.3 反应场所

AN 水相沉淀聚合是一种非均匀的聚合过程,其聚合机理比较复杂。AN 单体在水中有一定的溶解度,但 PAN 不溶于水。氧化 - 还原引发体系是水溶性的,在水相中产生初级自由基并引发单体聚合,故聚合反应一开始在水相中进行。随着反应进行,当聚合物链增长到一定长度时,就可能从水相中沉析出来,形成聚合物初级粒子,此后聚合反应便在水溶液相和聚合物颗粒相同时发生[27,28]。杉森等[29,30]认为 AN 水相聚合场所包括溶液相和聚合物相,并提出了具有相际单体和链自由基传递的聚合二场所模型。当 AN 单体浓度较高时,赵建青等[12]也认为其聚合场所包括水溶液相和聚合物颗粒相,但在聚合物颗粒相中很难区分是在颗粒表面还是颗粒内部进行聚合反应,最终生成的聚合物颗粒呈多粒子聚集态。杉森等[31]则认为聚合场所有三处,除了上述两处外,还有过饱和的单体液滴相。Peebles[32]认为高浓度 AN 单体的水相聚合体系的反应场所比较复杂,包括单体富相、单体贫相、颗粒 - 溶液界面和颗粒内部 4 个聚合场所。

综合以上各位学者的研究成果,本书认为,对于 AN 的水相沉淀聚合体系来说,聚合反应首先在水溶液相中进行,由于 AN 在水中有一定的溶解度,水溶性引发剂全溶于水中,当达到一定温度时,引发剂分解产生自由基,即可引发反应。产生的 PAN 颗粒不溶于水而沉淀下来,吸附单体、自由基或初生活性链,构成新的聚合场所——聚合物颗粒相。此时,反应在水溶液相和聚合物颗粒相同时进行。鉴于聚合物颗粒相具有较强的吸附能力,聚合反应后期可以集中在聚合物颗粒相进行。

3.2.4 成粒机理

关于 AN 聚合物的成粒机理,以伊藤精一 [33,34] 为代表的研究学者把其聚合过程形成的 PAN 粒子分为三个等级,即粒径为 $0.1\sim0.2\mu m$ 的初级粒子 P_1、粒径为 $0.5\sim5\mu m$ 的二级粒子 P_2 和粒径为 $20\sim60\mu m$ 的三级粒子 P_3。任国强等 [35,36] 认为 PAN 颗粒是由许多小粒子堆砌起来的宏观粒子,它们可以分为不同等级的粒子,具有不同的粒径范围。PAN 粒子在不断增大的过程中逐渐从疏松状趋于紧密圆整。Thomas[27] 认为 AN 的水相聚合过程分为颗粒成核和颗粒增长两个阶段。颗粒成核的过程在水溶液相中由初级自由基被 AN 单体捕捉而增长,沉析形成粒径约 50Å 的初级粒子。当初级粒子数达到一定临界值时,会形成相对稳定的一级粒子,并易捕捉自由基,使聚合主要在粒子表面进行。赵建青等 [12] 研究 AN 的水相沉淀聚合反应时发现,无论是间歇、半间歇聚合,还是连续聚合,其聚合机理相同,但所经过的浓度历程不同,导致了不同的聚合物颗粒结构和形态,采用机械搅拌时改变了颗粒的宏观尺寸。与间歇水相沉淀聚合相比,连续聚合工艺获得的 PAN 聚合物是较细密的圆形粒子,其粒子分布范围较窄 [12,28]。

由此可见,进行 AN 水相沉淀聚合反应时,PAN 颗粒经历由小到大,由不规则到规则,逐渐凝聚的变化历程,粒径分布逐渐均匀。聚合反应转化率的增加过程,就是 PAN 聚合物颗粒由"初级粒子形成→凝聚→长大→形成新粒子"的变化过程。在聚合体系中,PAN 聚合物颗粒呈多层粒子、多分散性的微粒,均匀分散在水溶液相中,并构成一个聚合场所。

3.3 AN/IA 水相沉淀共聚合的合成动力学

3.3.1 理论前提

对于 AN 的水相沉淀聚合体系,所用引发剂受热分解产生离子型自由基,后续 PAN 聚合物的产生具有明显的自由基聚合反应特征。经典的自由基聚合反应动力学模型是以稳态和偶合终止(又称双基终止)为前提条件而推导出来的。稳态假设包括[10]:(1)忽略链转移反应,终止方式为双基终止,且无解聚反应,即不可逆聚合;(2)自由基的活性与链长无关,即各步链增长速率常数相等;(3)前末端单元结构对自由基活性无影响,即自由基活性仅决定于末端单元的结构,即无前末端效应;(4)反应开始短时间内,增长链自由基的生成速率等于其消耗速率,即链自由基的浓度保持不变,呈稳态,$d[M\cdot]/dt = 0$;(5)聚合产物的聚合度很大,链引发所消耗的单体远少于链增长过程的,因此可以认为单体仅消耗链增长反应。

经典自由基聚合反应动力学聚合速率随时间变化,常用转化率 - 时间关系曲线表示。通常自由基聚合的转化率 - 时间曲线有三类形式:S 形聚合、匀速聚合和前快后慢聚合。最常见的是采用低活性引发剂时出现的 S 形曲线,可分为四个阶段。在诱导期初级自由基为阻聚杂质所终止,无聚合物形成,聚合速率为零。初期阶段单体开始正常聚合,转化率在 5%~10% 以下(研究聚合时)或 10%~20%(工业上)以下阶段,此时转化率与时间近似呈线性关系,聚合恒速进行。到了中期,转化率达到 10%~20% 以后,聚合速率逐渐增加,出现自动加速现象,有时会延续到转化率达 50%~70%,聚合速率才逐渐减慢。自动加速现象出现后,聚合反应速率逐渐减慢,直至结束,转化率可达 90%~100%[10]。

AN 的水相沉淀聚合为非均相聚合体系,其影响因素众多,各相中的聚合动力学均符合一般自由基聚合规律。由于一般动力学研究都是在转化率为 10% 以内的范围内进行,动力学研究具有一定的局限性。在此反应条件下,建立 AN/IA 水相沉淀聚合反应的动力学方程,探究聚合反应速率与总反应速度、引发剂浓度和单体浓度的定量关系。当转化率超过 10% 以后,反应体系的情况就往往复杂起来,如链的支化现象增加,反应自动加速,这样就使动力学处理困难很多。动力学研究得到的结果,在反应后期转化率高的情况下,虽然定量关系会打破,但是就定性关系方面来看,对研究各种因素对聚合反应所产生的影响仍具有一定的参考价值。

3.3.2 聚合反应动力学方程的建立

引发剂引发的均聚反应速率方程为[10]:

$$R_p = k_p \left(\frac{fk_d}{k_t} \right)^{1/2} [I]^n [M]^m \qquad (3\text{-}3\text{-}1)$$

式中,R_p 为聚合反应速率;f 为引发剂效率;k_p 为链增长反应速率常数;k_d 为引发剂分解速率常数;$\eta_{sp}/c = [\eta] + K_H [\eta]^2$,$c$ 为链终止反应速率常数;[I] 和 [M] 分别为引发剂和单体的摩尔浓度;$K = k_p \left(\frac{fk_d}{k_t} \right)^{1/2}$ 为总的聚合速率常数。这说明聚合速率是由聚合速率常数、引发剂浓度和单体浓度决定的,其中 n、m 表示引发剂浓度和单体浓度对聚合反应的贡献率。

以总单体浓度 C_t=22wt%(即 [M]=3.93mol/L),单体配比为 AN/IA=99/1(w/w),引发剂浓度 [APS]=0.8wt%(即 [I]=0.0806mol/L),反应温度 T=60℃为实验基准。低转化率下引发剂浓度和总单体浓度对 AN/IA 共聚合反应的影响如表 3.1 和表 3.2 所示。从表中数据可以看出,即使是在低转化率条件下,引发剂浓度和总单体浓度对 AN/IA 共聚合反应的影响也呈现出与 2.7 节一致的变化规律。

非均相沉淀聚合工艺制备高分子量聚丙烯腈

80

表 3.1 低转化率下引发剂浓度对共聚合反应的影响

[APS] （wt%）	[APS] （mol/L）	[M] （wt%）	AN/IA （w/w）	T（℃）	t（min）	转化率（%）
0.6	0.00604					4.77
0.8	0.00806					5.45
1.0	0.0101	22	99/1	60	20	6.24
1.2	0.0121					6.91

表 3.2 低转化率下总单体浓度对共聚合反应的影响

[M] （wt%）	[M] （mol/L）	[APS]（wt%）	AN/IA （w/w）	T（℃）	t（min）	转化率（%）
17	3.07					4.58
19	3.41					5.12
22	3.93	0.8	99/1	60	20	5.45
25	4.43					5.99

利用反应时间 t=20min 时的转化率值计算稳态阶段的平均反应速率，获得相应的 $\ln R_p$ 与 $\ln[APS]$ 和 $\ln[M]$ 关系图，如图 3.1 和图 3.2 所示。根据直线的斜率可以确定 n=0.538，m=1.696。因此，AN/IA 水相沉淀共聚合的反应速率方程可以表示为：$R_p = K[APS]^{0.538}[M]^{1.696}$。

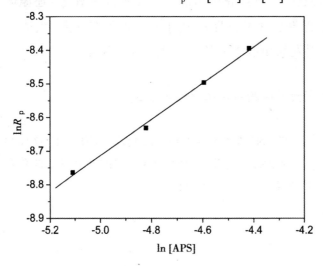

图 3.1 低转化率下 R_p 与 [APS] 的关系图

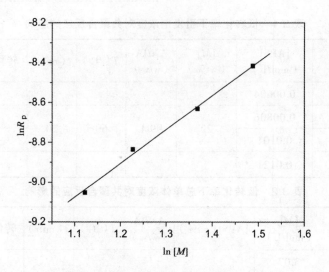

图 3.2　低转化率下 R_p 与 $[M]$ 的关系图

由于水相沉淀聚合反应容易产生凝胶效应,链自由基活性末端受到包埋,难以双基终止,也就是说,歧化终止(又称单基终止)和偶合终止并存。对引发剂引发的自由基聚合反应而言,其反应级数介于 0.5 和 1.0 之间。0.5 级和 1.0 级是双基终止和单基终止的两极端情况[10]。AN/IA 水相沉淀聚合反应对引发剂的反应级数为 n=0.538,虽然与经典自由基聚合理论推导出来的动力学方程 $R_p=K[I]^{1/2}[M]^2$ 存在一定程度上的偏离,但是仍比较接近于双基终止的情况。与文献报道氧化-还原体系引发的 AN 水相悬浮聚合速率方程 $R_p=K[I]^{0.7}[M]^2$ 也稍有偏离[40],表明不同的聚合工艺下,引发剂和单体对聚合反应的影响不同。

3.3.3 聚合反应的转化率 – 时间曲线

在单体配比 AN/IA(w/w)=99/1,总单体浓度 C_t=22wt%,引发剂浓度 [APS]=0.8wt%,聚合反应温度 T=60℃的条件下,研究聚合反应转化率与时间的关系,如图 3.3 所示。

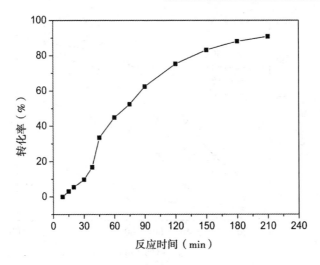

图 3.3　AN/IA 共聚合反应转化率与反应时间的关系图

　　在实验过程中,研究发现,当聚合反应时间达到 9min 后,白色 PAN 聚合物沉淀才开始产生,可见 AN/IA 的聚合反应存在一定的诱导期。聚合反应呈现出较明显的 S 形曲线特征。在聚合反应初期,转化率与时间近似呈线性关系。转化率超过 20% 以后,聚合速率逐渐增加,体系黏度随转化率提高后,链段重排受阻,活性端基被包埋,双基终止困难,链终止速率常数 k_t 显著下降,但单体活动受阻相对较小,链增长速率常数 k_p 变化不大,活性链寿命大大延长,链增长反应仍能进行,聚合反应转化率和分子链链长提高,即出现自动加速现象,转化率可达 70%。当转化率升高使黏度大到妨碍单体活动时,聚合速率才逐渐减慢,转化率可达 80%~90%。自动加速现象主要是体系黏度增加引起的,因此又称为凝胶效应。这与经典自由基聚合反应理论的转化率与时间的规律曲线是一致的[10]。

3.3.4　聚合反应温度对聚合反应速率的影响

　　采用与图 3.3 相同的总单体浓度和单体配比,研究不同反应温度下的 AN/IA 水相沉淀共聚合体系的转化率 - 时间的关系,如图 3.4 所示,对应于反应时间 t=20min 的转化率列入表 3.3 中。

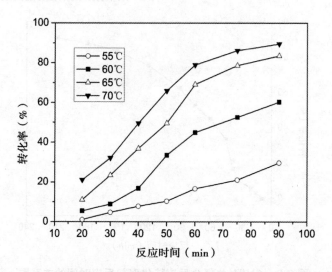

图 3.4　不同聚合反应温度下 AN/IA 共聚合反应转化率 – 时间的关系图

表 3.3　低转化率下聚合反应温度对共聚合反应的影响

反应温度（℃）	$[M]$（mol/L）	[APS]（wt%）	AN/IA（w/w）	t（min）	转化率（%）
55					1.06
60					5.45
65	3.93	0.8	99/1	20	11.02[a]
70					21.08[a]

注：聚合反应转化率和反应时间具有近似的线性关系。

结合图 3.4 的实验结果和分析，随着聚合温度的提高，聚合反应转化率显著增加。从图 3.4 和表 3.3 可以看出，当反应温度为 55℃时，聚合反应进行至 20min 的反应产率仅相当于 60℃时的 20%、65℃时的 10% 和 70℃时的 5%，而反应 90min 的反应产率仅相当于 60℃时的 50%、65℃时的 35% 和 70℃时的 33%。当温度超过 70℃时，反应速率较快，同时反应体系温度容易超过 AN 单体的沸点，聚合反应出现爆聚现象。以 APS 作引发剂制备高分子量 AN/IA 共聚物时，控制反应温度 T=60℃最为适宜，一般不要超过 65℃。

利用 AN/IA 水相沉淀聚合反应的动力学方程 $R_p = K[APS]^{0.538}[M]^{1.696}$，根据表 3.3 中不同反应温度下反应时间 t=20min 的转化率，可以计算不同反应温度下的聚合反应速率，进而获得不同反应温度下的聚合速率常数,如表 3.4 所示。从表中数据可以看出,随着反应温度的提高,反应速率常数随之增加,聚合反应速率升高,反应加快。

表 3.4　聚合反应温度对聚合速率常数的影响

反应温度（℃）	$K(\times 10^{-4})$
55	0.456
60	2.34
65	4.74
70	9.07

聚合速率常数 K 与温度 T 的关系遵循 Arrhenius 方程式,即:

$$K = A\exp(-E/RT) \qquad （3-3-2）$$

于是可得:

$$R_{\mathrm{p}} = A\exp(-E/RT) \cdot ([APS]^{0.538}[M]^{1.696}) \qquad （3-3-3）$$

式中, A 为物性常数; E 为聚合反应活化能; R 为气体常数,8.314J/（mol·K）; T 为绝对温度。

根据式（3-3-3）,作 $\ln R_{\mathrm{p}}$ 与 $1/T$ 的关系图,其直线斜率为 $-E/R$,如图 3.5 所示。由图中直线拟合的斜率,计算可得 AN/IA 水相沉淀聚合反应的活化能 $E=180.8$kJ/mol,该值较大,说明温度对 AN/IA 共聚合反应的影响较明显。

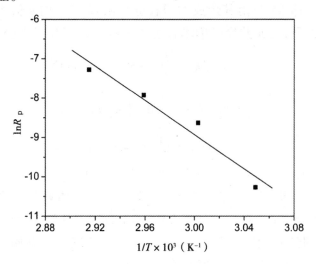

图 3.5　低转化率下 R_{p} 与 T 的关系图

3.4 AN/IA 水相沉淀共聚合单体竞聚率的测定

3.4.1 单体竞聚率的测算

影响竞聚率的因素有温度、压力和反应溶剂等，不同聚合方法的共聚单体具有不同的竞聚率[10,37]。Alfrey 和 Price 将共聚单体的结构与活性关联起来，提出 Q-e 方程，并利用反应单体的 Q-e 值估算单体竞聚率。该法简单方便，对选择共聚单体及研究共聚合动力学具有重要的指导意义[37]。Q-e 方程是半经验的理论公式，它将自由基同单体的反应速率常数 k_{ij}（二元共聚时，i、j 为 1 和 2，分别代表单体 1 和单体 2）与共轭效应、极性效应联系起来[10]。

$$k_{ij} = P_i Q_j \exp(-e_i e_j) \qquad (3\text{-}4\text{-}1)$$

式中，P_i，Q_j 为从共轭效应来衡量自由基 $M_i \cdot$ 和单体 M_j 的活性；e_i，e_j 分别为自由基 $M_i \cdot$ 和单体 M_j 极性的度量。

假定单体 M_i 与由其形成的增长链自由基 $M_i \cdot$ 的 e 值相等。在这一假定前提下，二元共聚时单体的竞聚率 r_1 与 r_2 可用以下公式表示：

$$r_1 = k_{11} / k_{12} = \frac{Q_1}{Q_2} \exp[-e_1(e_1 - e_2)] \qquad (3\text{-}4\text{-}2)$$

$$r_2 = k_{22} / k_{21} = \frac{Q_2}{Q_1} \exp[-e_2(e_2 - e_1)] \qquad (3\text{-}4\text{-}3)$$

$$r_1 \cdot r_2 = \exp\left[-(e_1 - e_2)^2\right] \qquad (3\text{-}4\text{-}4)$$

AN 和 IA 单体对应的 Q 和 e 值，以及利用式（3-4-2）和式（3-4-3）计算得到的竞聚率值如表 3.5 所示。利用 Q-e 值估算获得的 AN 和 IA 单体的竞聚率，是一种理论计算方法。Q-e 方程中并没有包括位阻效应。从实验和理论基础两方面来看，由此估算的竞聚率会有偏差。虽然如此，Q-e 方程仍不失为有价值的关联式[10]。

表 3.5　　$Q–e$ 法计算 AN/IA 的单体竞聚率

单体	Q	e	竞聚率
AN	0.48	1.23	r_1（AN）=0.505
IA	0.75	0.107	r_2（IA）=1.928

实际上，竞聚率的测算方法首先假设共聚合机理，遵循共聚物组成方程推倒过程中的"五个假设"，且不考虑链转移反应，链终止是偶合终止，从而获得数学模型，将实验数据代入数学模型，得到竞聚率。利用数学模型进行竞聚率测算时，采用的拟合方法很多，其中常用的是 Kelen-Tüdõs（K-T）法和 Fineman-Ross（F-R）法 [5,38]。

根据竞聚率的推算过程，最后可以获得共聚组成摩尔比（或浓度比）微分方程，即 Mayo-Lewis 关系式，如下式所示 [10]：

$$\frac{\mathrm{d}[M_1]}{\mathrm{d}[M_2]} = \frac{[M_1]}{[M_2]} \cdot \frac{r_1[M_1]+[M_2]}{r_2[M_2]+[M_1]} \tag{3-4-5}$$

式中，$\dfrac{\mathrm{d}[M_1]}{\mathrm{d}[M_2]}$ 和 $\dfrac{[M_1]}{[M_2]}$ 分别代表共聚物组成中和初始喂料过程中两单体的摩尔比（或浓度比）。在 AN/IA 的水相沉淀共聚合反应中，M_1 代表 AN 单体，M_2 代表 IA 单体。

令 $X = \dfrac{[M_1]}{[M_2]}$，$Y = \dfrac{\mathrm{d}[M_1]}{\mathrm{d}[M_2]}$，$G = \dfrac{X(Y-1)}{Y}$，$H = \dfrac{X^2}{Y}$

则

$$G = r_1 H - r_2 \tag{3-4-6}$$

以 G 对 H 作图，拟合得直线斜率和截距分别为共聚单体的竞聚率 r_1 和 r_2。式（3-4-6）即为利用 F-R 法计算共聚合反应单体竞聚率的理论公式。

在此基础上，令 $\tau = \dfrac{G}{\alpha + H}$，$\varepsilon = \dfrac{H}{\alpha + H}$，$\alpha = (H_{\min} H_{\max})^{-1/2}$

则

$$\tau = (r_1 + \frac{r_2}{\alpha})\varepsilon - \frac{r_2}{\alpha} \tag{3-4-7}$$

式中，α 为一常数；$H_{\min}$ 和 $H_{\max}$ 分别代表计算过程中一系列 H 值中的最小值和最大值。以 τ 对 ε 作图，拟合得出对应直线的斜率和截距，求得单体竞聚率 r_1 和 r_2。式（3-4-7）即为利用 K-T 法计算共聚合反应单体竞聚率的理论公式。

由于共聚物组成与单体配料组成不同,应用共聚物组成方程测算竞聚率时,需要控制较低的聚合反应转化率,一般小于 10%。利用 PAN 聚合物中测得的 O 元素含量分析结果,根据 AN 和 IA 的聚合反应简式计算出 IA 单体链节在共聚物中的摩尔含量,其对应 F-R 法和 K-T 法的实验结果,如表 3.6 所示。进行聚合反应时,总单体浓度 C_t=22wt%,引发剂浓度 [APS]=0.8wt%,聚合反应温度 T=60℃,聚合反应转化率控制在 6.2% 左右。

表 3.6   用于计算单体竞聚率的 AN/IA 共聚物的基本参数

AN/IA（w/w）	99/1	98/2	96/4	90/10	85/15
X（mol/mol）	242.830	120.189	58.868	22.075	13.899
转化率（%）	6.2	6.3	6.5	6.1	6.0
O 含量（wt%）	0.798	1.553	3.196	7.825	10.223
Y（mol/mol）	148.869	75.303	35.330	12.979	9.359
G	241.199	118.593	57.202	20.374	12.414
H	396.096	191.830	98.088	37.546	20.641
τ	0.496	0.420	0.303	0.159	0.112
ε	0.814	0.680	0.520	0.293	0.186

根据表 3.6 中的数据,分别作 G 对 H 图和 τ 对 ε 图,如图 3.6 和图 3.7 所示。对图中数据点进行线性拟合,获得直线的斜率和截距,分别求得 AN/IA 共聚合反应的单体竞聚率。

将不同方法计算的 AN/IA 的单体竞聚率值列于表 3.7 中。从表中可以看出,r_1（AN）< 1,r_2（IA）> 1,且 r_1（AN）× r_2（IA）< 1,这说明 AN 自由基(~~~AN·)和 IA 自由基(~~~IA·)都倾向于与 IA 单体结合,即 IA 单体进入共聚物链节的能力高于 AN 单体,IA 的反应活性大于 AN。根据 AN/IA 的单体竞聚率乘积,可以认为 AN/IA 的水相沉淀共聚合反应属于非理想共聚。与 Q-e 理论计算的单体竞聚率值相比,在 AN/IA 水相沉淀聚合体系中,采用 F-R 法和 K-T 法计算的 AN 单体竞聚率 r_1（AN）和 IA 单体竞聚率 r_2（IA）表现出较高的一致性。

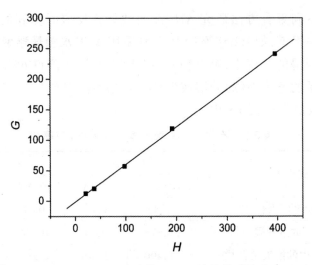

图 3.6　F–R 法计算 AN/IA 的单体竞聚率

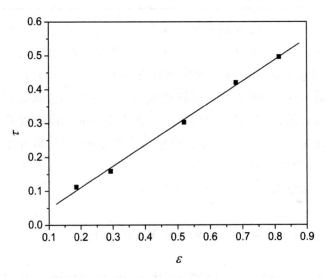

图 3.7　K–T 法计算 AN/IA 的单体竞聚率

表 3.7　不同方法计算的 AN 和 IA 的单体竞聚率

计算方法	r_1（AN）	r_2（IA）
$Q\text{-}e$ 法	0.505	1.928
F–R 法	0.61	1.47
K–T 法	0.64	1.37

采用不同聚合方法研究 AN/IA 的共聚合反应时测算的单体竞聚率都有相关报道,如 Bajaj 等[38,39]分别采用 40℃水相悬浮聚合和 70℃溶液聚合测得的竞聚率,孙春峰[40]和张旺玺等[41]测得 60℃溶液聚合 AN/IA 体系的竞聚率(此处溶液聚合为均相溶液聚合)。实验所得的单体竞聚率数值列于表 3.8 中。

表 3.8 不同 AN/IA 聚合体系的单体竞聚率

聚合方法	K-T 法		F-R 法	
	r_1(AN)	r_2(IA)	r_1(AN)	r_2(IA)
水相悬浮聚合[28]	0.84	6.73	0.87	2.52
DMF 中的溶液聚合[39]	0.575	2.05	0.624	2.3
DMSO 中的溶液聚合[40]	0.490	2.146	—	—
DMSO 中的溶液聚合[41]	0.39	3.85	—	—

比较表 3.7 和表 3.8 的单体竞聚率可以看出,采用不同聚合方法和反应介质时,AN/IA 的共聚合反应具有不同的单体竞聚率,且测定的单体竞聚率与 $Q\text{-}e$ 方程估算的竞聚率存在较大差别。由于 $Q\text{-}e$ 方程中没有包括位阻效应,采用 $Q\text{-}e$ 来估算竞聚率会存在偏差。竞聚率的测定也有一定实验误差,这是实验和理论两方面都不够完善所造成的。无论是理论估算还是实际测定的单体竞聚率结果都显示,不同聚合体系的 AN/IA 的单体竞聚率存在一定差异,但其活性差异并没有发生改变,即 IA 单体的反应活性大于 AN 单体的反应活性。

3.4.2 聚合反应转化率对单体竞聚率的影响

在 AN/IA 共聚合反应总单体浓度 C_t=22wt%,引发剂浓度 [APS]=0.8wt%,聚合反应温度 T=60℃的条件下,研究不同聚合反应转化率对单体竞聚率的影响,如表 3.9 所示。

表 3.9 不同聚合反应转化率下的单体竞聚率

转化率(%)	K-T 法		F-R 法	
	r_1(AN)	r_2(IA)	r_1(AN)	r_2(IA)
3.6	0.51	1.52	0.55	1.56

续表

转化率（%）	K-T 法		F-R 法	
	r_1（AN）	r_2（IA）	r_1（AN）	r_2（IA）
5.2	0.54	1.50	0.57	1.53
6.2	0.64	1.37	0.61	1.47
8.1	0.80	1.15	0.78	1.23
10.7	0.90	1.08	0.83	1.13

从表 3.9 的数据可以看出，当转化率低于 5% 时，单体竞聚率变化较小；当转化率高于 5% 时，AN 的竞聚率随转化率的提高略微增加，而 IA 的竞聚率降低。这主要与以下两个因素有关。

首先，在聚合反应过程中，反应初始阶段体系形成一些链自由基，这些分子链在到达临界分子量时会沉淀下来，形成初始粒子，进而成为聚合物颗粒相。无论在水相还是聚合物颗粒相，这些粒子都会继续增长[12,42]。当转化率较低时，反应体系均匀稳定，类似于均相溶液聚合反应，因而竞聚率变化较小。当转化率升高时，反应主要发生在聚合物颗粒相，这时 AN 更容易被自由基吸附而参与反应。

其次，在较低转化率下，IA 和 AN 的浓度基本上保持不变，单体的摩尔分数不变，单体竞聚率变化不明显。当转化率升高时，水相中的 IA 不断被消耗，其浓度下降，而 AN 不断得到单体相的补充，浓度相对恒定，AN 单体的摩尔分数增加，参与反应的几率增加，导致 AN 的竞聚率升高，IA 的竞聚率下降。

3.4.3 聚合反应温度对单体竞聚率的影响

在总单体浓度 C_t=22wt%，引发剂浓度 [APS]=0.8wt%，转化率约为 6.2% 的条件下，研究不同反应温度对 AN/IA 水相沉淀聚合体系单体竞聚率的影响，如表 3.10 所示。从表中数据可以看出，随着反应温度的提高，AN 的单体竞聚率提高，IA 的单体竞聚率下降。两种单体的竞聚率同时趋于 1，即聚合反应趋于"理想"反应——交替共聚。这主要是由聚合反应自身的特点决定的[10,43]。竞聚率随温度的变化满足以下方程[10]：

$$\frac{\mathrm{d}\ln r}{\mathrm{d}T} = \frac{E_{11} - E_{12}}{RT^2} \qquad (3\text{-}4\text{-}8)$$

式中，r 为单体竞聚率；E_{11}、E_{12} 为单体自聚增长和共聚增长活化能。

表 3.10　不同聚合反应温度下的单体竞聚率

反应温度（℃）	AN 在水中的含量（wt%）	K–T 法		F–R 法	
		r_1（AN）	r_2（IA）	r_1（AN）	r_2（IA）
55	8.5	0.60	1.52	0.57	1.56
60	9.1	0.64	1.37	0.61	1.47
65	9.5	0.73	1.30	0.70	1.40
70	10.1	0.80	1.20	0.74	1.22

由式（3-4-8）可以看出，当单体竞聚率 $r<1$ 时，两单体之间趋向共聚，即 $E_{11}>E_{12}$。随着反应温度的升高，活化能大的自聚增长速率常数增长较快，共聚增长速率常数增长较慢，所以 r 值升高；相反，当 $r>1$ 时，反应温度升高，r 值降低。随着反应温度的升高，共聚反应向理想共聚方向靠近，单体竞聚率逐渐趋近 $1^{[10]}$。从 AN 在水中的溶解度变化也可以看出，随着反应温度的提高，水溶液相中的 AN 浓度提高，AN 更容易参与反应，其竞聚率增加 [7]；而水相中 IA 浓度不变，参与反应的 IA 摩尔分数下降，其竞聚率下降。另外，反应温度的提高，也有利于 AN 和 IA 单体在单体相、水溶液相和聚合物颗粒相之间相互迁移。在这些因素的相互作用下，使得 AN 的单体竞聚率增加，IA 的单体竞聚率降低，其共聚反应向"交替共聚"趋近 [5,10,11,43]。

3.5　小　结

综述了 AN 水相沉淀聚合反应体系的反应机理，对 AN/IA 的水相沉淀二元共聚合体系进行动力学研究，得出以下结论：

（1）AN 的水相沉淀聚合反应在水溶液相和聚合物颗粒相中同时进行。在聚合反应过程中，PAN 颗粒经历由小到大，由不规则到规则，逐渐凝聚的变化历程,粒径分布趋于均匀。

（2）对于单体配比 AN/IA（w/w）=99/1,反应温度 T=60℃的水相沉淀聚合体系,其聚合反应动力学方程为:$R_p=K[APS]^{0.538}[M]^{1.696}$;聚合反应转化率与时间的关系具有较明显的 S 形曲线特征,并且具有自动加速现象,这与经典自由基聚合的一般规律是一致的。根据 Arrenhnius 方程,测得聚合反应活化能为 E=180.8kJ/mol。

（3）在聚合体系配方为总单体浓度 C_t=22wt%,引发剂浓度 [APS]=0.8wt%,反应温度 T=60℃,单体转化率约为 6.2% 的条件下,利用 K-T 法和 F-R 法计算的单体竞聚率分别为:r_1（AN）=0.64,r_2（IA）=1.37 和 r_1（AN）= 0.61,r_2（IA）= 1.47。这两种方法计算的单体竞聚率与 Q-e 法推算的理论单体竞聚率值具有较高的一致性。从竞聚率的大小可以看出,AN 与 IA 进行水相沉淀共聚合反应时,IA 单体的反应活性大于 AN。AN 的单体竞聚率随转化率和反应温度的提高而增大,IA 的单体竞聚率则降低。

参考文献

[1] 王茂章,贺福. 碳纤维的制造、性能及其应用 [M]. 北京：科学出版社,1984.

[2] 贺福. 碳纤维及其应用技术 [M]. 北京：化学工业出版社,2004.

[3] Gupta A K, Paliwal D K, Bajaj P. Acrylic precursors for carbon fibers[J]. Journal of Macromolecular Science-Reviews in Macromolecular Chemistry and Physics, 1991, c31（1）: 1-89.

[4] Sen K, Bahrami S H, Bajaj P. High-performance acrylic fibers[J]. Journal of Macromolecular Science-Reviews in Macromolecular Chemistry and Physics, 1991, c36（1）: 1-76.

[5] 崔传生. 丙烯腈 / 衣康酸铵共聚物的制备及其溶液性质的研究

[D]. 济南：山东大学，2006.

[6] 陈忠仁，于在璋，潘祖仁. AN-MA-SMAS 水相沉淀聚合动力学 Ⅲ竞聚率与共聚速率 [J]. 石油化工，1989，18（2）：96-100.

[7] 李克友，张菊花，向福如. 高分子合成原理及工艺学 [M]. 北京：科学出版社，1999.

[8] 杨超，黎钢，何彦刚. 沉淀聚合机理及反应条件因素影响的研究 [J]. 化工中间体，2005（12）：22-25.

[9] Dainton F S，James D G L. The polymerization of acrylonitrile in aqueous solution. Part Ⅱ. The reaction photosensitized by Fe^{3+}，$Fe^{3+}OH^-$，Fe^{2+} and I^- ions[J]. Journal of Polymer Science，1959，39（135）：299-312.

[10] 潘祖仁. 高分子化学 [M]. 北京：化学工业出版社，2002.

[11] 上海纺织工学院. 腈纶生产工艺及其原理 [M]. 上海：上海人民出版社，1976.

[12] 赵建青，李伯耿，袁惠根，等. 丙烯腈水相沉淀聚合研究进展 [J]. 高分子通报，1992（1）：1-8.

[13] 吴林波. 丙烯腈连续水相沉淀聚合工艺及工业装置扩能可行性研究 [D]. 杭州：浙江大学，1998.

[14] Manivannan G. Peroxo salts as initiators in vinyl polymerization：4. Polymerization of AN initiated by the permonosulphate-oxovanadium（Ⅳ）system[J]. Polymer Journal，1988，20（11）：1011-1019.

[15] Manivannan G. Peroxo salts as initiators in vinyl polymerization：5. Polymerization of AN initiated by the permonosulphate -thioglyic acid system[J]. European Polymer Journal，1989，25（5）：487-589.

[16] Shessshappa K R. Aqueous polymerization of AN initiated by Mn（Ⅲ）pyrophosphate-thiocyanate redox system：a kinetic study[J]. Transition Metal Chemistry，1995（20）：630-633.

[17] Hsu W C. Studies on aqueous polymerization of vinyl monomers initiated by metal oxiandant-chelating agent redox initiators[J]. Journal of Polymer Science Part A：Polymer Chemstry，

1993（31）：3213-3222.

[18] 吴林波，曹堃，李宝芳，等．高单体进料浓度下丙烯腈连续水相沉淀共聚的研究：I. 转化率和分子量及其分布 [J]. 化学反应工程与工艺，1999, 15（4）：364-372.

[19] 吴林波，李宝芳，曹堃，等．高单体进料浓度下丙烯腈连续水相沉淀共聚的研究：Ⅱ. 聚合物颗粒形态 [J]. 化学反应工程与工艺，1999, 15（4）：373-381.

[20] Ebdon J R, Huckerby T N, Hunter T C. Free-radical aqueous slurry polymerizations of acrylonitrile：1 End-groups and other minor structures in polyacrylonitriles initiated by ammonium persulfate/sodium metabisulfite[J]. Polymer, 1994（35）：250-256.

[21] Ebdon J R, Huckerby T N, Hunter T C. Free-radical aqueous slurry polymerizations of acrylonitrile：2. End-groups and other minor structures in polyacrylonitriles initiated by potassium persulfate/sodium metabisulfite[J]. Polymer, 1994（35）：4659-4664.

[22] Bajaj P, Sen K, Bahrami S H. Soltion polymerization of acrylonitrile with vinyl acids in dimethylformamide[J]. Journal of Applied Polymer Science, 1996（59）：1539-1550.

[23] 贾曌，杨明远，毛萍君，等．用水相沉淀聚合法制备高分子量 PAN[J]. 山西化纤，1998（1）：1-5.

[24] Cui C S, Wang C G, Zhao Y Q. Monomer reactivity ratios for acrylonitrile-ammonium itaconate during aqueous-deposited copolymerization initiated by ammonium persulfate[J]. Journal of Applied Polymer Science, 2005（100）：4645-4648.

[25] Cui C S, Wang C G, Jia W J, et al. Viscosity study of dilute poly（acrylonitrile-ammonium itaconate）solutions[J]. Journal of Polymer Research, 2006（13）：293-296.

[26] 赵亚奇，王成国．过硫酸铵引发丙烯腈 / 衣康酸铵的共聚合工艺研究 [J]. 合成技术及应用，2007, 22（1）：12-15.

[27] Thomas W M. AN polymerization in aqueous suspension[J]. Journal of Polymer Science, 1957（24）：43-56.

[28] 秦一秀．丙烯腈和醋酸乙烯酯水相沉淀连续共聚合研究 [D].

杭州：浙江大学，2007.

[29] 杉森辉彦，田原二郎. 丙烯腈水相沉淀聚合的速率 [J]. 化学工学论文集，1977，3（4）：323-330.

[30] 杉森辉彦，田原二郎. 丙烯腈水相沉淀聚合析出粒子的考察 [J]. 化学工学论文集，1979，5（1）：96-101.

[31] 杉森辉彦，西川新三. 氧化还原体系引发丙烯腈水相沉淀聚合的速率 [J]. 高分子化学，1972，29（331）：817-825.

[32] Peebles L H Jr. Copolymerization[M]. New York：Wiley Interscience Press，1964.

[33] 伊藤精一，吉田完尔. 低水 / 单体比条件下丙烯腈连续水相聚合研究：1. 水 / 单体比和亚硫酸盐 / 过硫酸盐比对聚合物性质和聚合行为的影响 [J]. 高分子论文集，1983，40（5）：307-315.

[34] 伊藤精一. 低水 / 单体比条件下丙烯腈连续水相聚合研究：2. 丙烯腈和醋酸乙烯酯水相连续共聚的粒子形成过程 [J]. 高分子论文集，1984，41（8）：445-452.

[35] 任国强，史子瑾，童克锦. 混合对丙烯腈连续水相沉淀共聚的影响：I. 转速和挡板数的影响 [J]. 合成树脂及塑料，1993，10（1）：29-38.

[36] 任国强，史子瑾，童克锦. 混合对丙烯腈连续水相沉淀共聚的影响：II. 丙烯腈共聚物的颗粒形态 [J]. 合成树脂及塑料，1993，10（2）：13-18.

[37] 陈娟. 聚丙烯腈湿法纺丝凝固过程的研究 [D]. 济南：山东大学，2006.

[38] Bajaj P，Paliwal D K，Gupta A K. Acrylonitrile-acrylic acids copolymers：I. Synthesis and characterization[J]. Journal of Applied Polymer Science，1993（49）：823-833.

[39] Bajaj P，Sen K，Bahrami S H. Solution polymerization of acrylonitrile with vinyl acids in dimethylformamide[J]. Journal of Applied Polymer Science，1996（59）：1539-1550.

[40] 孙春峰. 共聚单体与聚丙烯腈原丝及其碳纤维结构性能的相关性研究 [D]. 济南：山东大学，2004.

[41] 张旺玺. 丙烯腈与衣康酸共聚物的合成与表征 [J]. 山东工业

大学学报，1999，29（5）：411-416.

[42] 王成国，赵亚奇，王启芬. 连续水相沉淀聚合法合成聚丙烯腈的反应机理研究进展 [J]. 现代化工，2008，28（1）：18-21.

[43] 应圣康. 共聚合原理 [M]. 北京：化学工业出版社，1984.

第 4 章

水相沉淀聚合工艺制备 PAN 聚合物的热性能

4.1 概述

4.1 概　述

PAN 原丝的预氧化工艺（或称为热稳定化工艺）在 PAN 基碳纤维的生产过程中是一个重要的步骤，起到承上启下的作用。预氧化的目的是使 PAN 共聚物在缓慢加热到熔点前发生热降解反应，线形大分子链转化为耐热的梯形结构，以使其在高温碳化时不熔不燃，保持纤维形态。预氧化工艺是一个复杂的过程，包含众多的化学反应、物理性能变化、微观皮芯结构的控制以及预氧化的氧扩散动力学和传质、传热行为等 [1-9]。PAN 共聚物中的共聚单体类型和含量、化学结构特征、热性能和结晶性能，对原丝的预氧化过程具有较大影响。共聚单体的引入改变了均聚 PAN 的化学结构特征，缓和了 PAN 聚合物的放热反应，降低了 PAN 大分子链的内聚能，并适当降低了结晶度 [1,2]。

PAN 聚合物在热稳定化过程中的化学反应包括环化反应、脱氢反应和氧化反应。PAN 均聚物的环化反应机理遵循自由基引发机理，而 PAN 共聚物的环化反应遵循离子基引发机理。1970—1972 年，Grassie 和 McGuchan[10-15] 用纤维中加入某些共聚单体可减少放热强度的证据，提出共聚单体引发环化的反应方案，认为环化反应由自由基引发变为离子引发。C ≡ N 基团和共聚单体参与的环化反应多始于 PAN 纤维的非晶态相，产生共轭的聚亚胺结构；脱氢反应属于氧化反应，氧化反应导致耐热梯形结构的形成，提高预氧化纤维的耐燃性。氧化反应伴随着预氧化过程中含氧基团（主要是 C=O 基团和 C-O 单键）的变化，并有利于形成代表梯形结构的聚亚胺结构。从某种意义上来说，环化反应属于反应速率控制的反应，氧化反应趋于扩散过程控制的反应。

现在最常采用的共聚单体是 IA，许多研究者对 AN/IA 共聚物的热性能进行了大量研究 [16-24]，但对单一的水溶性铵盐引发剂 APS 引发水相沉淀聚合工艺合成的 AN/IA 共聚物的研究较少。本章通过多种检测分析手段（DSC、TGA、EA、FTIR 和 WAXRD），系统研究了水相沉淀聚合工艺获得的 PAN 聚合物的热性能，简要阐述了 PAN 聚合物在热处理过程中的结构和性能变化，为后续 PAN 原丝的预氧化工艺优化提供理论性指导，希望可以获得高品质的 PAN 预氧化纤维。

4.2 不同 PAN 聚合物的热性能

在不同单体配比和 22wt% 的总单体浓度条件下，以 0.8wt% 引发剂浓度合成了不同共聚组成的 PAN 聚合物，根据 O 元素的含量计算共聚单体 IA 链节的含量，如表 4.1 所示。

表 4.1　不同共聚组成 PAN 聚合物的基本参数

样品	AN/IA（w/w）	聚合物中的 IA 含量（mol%）
P0	100/0	—
PI–1	99/1	1.490
PI–2	98/2	1.714
PI–3	96/4	3.873
PI–4	90/10	9.531

4.2.1 空气气氛下 PAN 聚合物的放热行为

4.2.1.1 DSC

图 4.1 为 P0 均聚物及 PI–1~PI–4 共聚物样品在空气气氛中的 DSC 升温曲线，测试温度范围为室温至 400℃，升温速率 5℃/min。图中 Exo 代表放热反应，箭头方向代表放热反应的热流方向（下同）。将不同聚合反应条件下的 PAN 聚合物的 DSC 特征放热峰的起始温度（T_i）、终止温度（T_f）、放热峰宽（ΔT：$\Delta T = T_f - T_i$）、放热峰值温度（T_p，以最明显

的 DSC 放热峰为研究对象),放热量(ΔH)、放热速率($\Delta H/\Delta T$)列入表 4.2 中。

PAN 的预氧化过程一般在低温条件下进行,其 DSC 放热峰是由 PAN 大分子链的内环化和分子间环化(或交联)产生的,逐步由 PAN 的线形大分子链转化为耐热的梯形结构。这些反应主要分为氧化反应(包括脱氢反应)和环化反应。其中氧化反应和脱氢反应主要是小分子的消去反应,如脱除 H_2 、 CO_2 、 H_2O 、 NH_3 、HCN、 CH_4 等,同时使 C-C 结构转为 C=C 结构,并可能产生 C=O 基团。环化反应通过 $C\equiv N$ 基团的低聚反应导致梯形结构的形成。没有环化或交联的大分子链发生热裂解反应,并以小分子形式逸出; $C\equiv N$ 发生环化反应放出的热量使已形成的梯形结构末端亚氨基以 NH_3 形式脱走,这是梯形结构终止生长的信息。分子间的交联也释放出小分子产物 [1,2]。

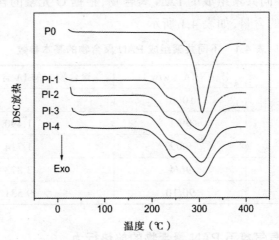

图 4.1　不同单体配比 PAN 聚合物的 DSC 升温曲线

表 4.2　基于图 4.1 中 PAN 聚合物的 DSC 升温曲线参数

样品	AN/IA（w/w）	T_i（℃）	T_p（℃）	T_f（℃）	ΔT（℃）	ΔH（J/g）	$\Delta H/\Delta T$[J/(g·℃)]
P0	100/0	241.7	306.2	344.1	102.4	4505	43.994
PI-1	99/1	206.2	302.7	347.3	141.1	5160	36.570
PI-2	98/2	199.4	302.1	342.9	143.5	5178	36.084
PI-3	96/4	195.3	303.9	351.7	156.4	5286	33.798
PI-4	90/10	192.7	303.5	351.1	158.4	5038	31.806

　　从图 4.1 中可以明显看出，PAN 均聚物的放热峰非常尖锐，并且非常窄，在低温阶段有微弱的放热反应峰，这表明 PAN 均聚物的放热反应较集中。相对于均聚物，PAN 共聚物放热峰起始温度较低，放热峰宽化，表明共聚单体能在较低温度下通过离子机理形式引发 PAN 共聚物的氧化、环化放热反应。随着聚合单体中 IA 用量的增加，放热峰起始温度逐渐降低，放热峰逐渐宽化，放热速率变缓。共聚单体 IA 的引入缓和了集中放热，使预氧化过程实现顺利可控。

　　另外，从不同聚合物的 DSC 曲线可以看出，在空气气氛中，PAN 聚合物的放热峰形呈现出了一定的规律。PAN 均聚物的 DSC 放热峰呈现出双峰现象，其低温阶段的放热反应峰较弱，这主要与 PAN 均聚物在形成过程中受到溶剂化和热作用，C ≡ N 基团发生水解有关；而 PAN 共聚物由于共聚单体 IA 链节的引入，DSC 放热峰呈现出多峰现象（双峰或三峰现象），尤其在聚合单体用量为 2wt% 和 4wt% 时，放热峰呈现出独特的三峰现象，其对称性发生了明显的变化。PAN 聚合物在放热曲线中出现的多峰现象吸引了许多研究者的关注。部分研究学者认为 [23,24]，在氧化性气氛下，PAN 聚合物的 DSC 曲线出现的重叠双峰分别代表不同的化学反应，第一个放热峰主要由初始氧化反应（包括脱氢反应）和环化反应产生，而第二个放热峰由氧化分解反应产生，并且环化反应夹杂在放热反应过程中，但氧化反应比环化反应提前。羧酸类共聚单体能够使两种反应的放热峰分离，而 AN/IA 和 AN/AA 共聚物的 DSC 曲线却有三个放热峰，随着共聚单体含量的增加，逐渐向双峰转变；而对于 AN/MAA 共聚物却始终只有两个峰。可见，多个放热峰的产生与共聚单体有关。Bahrami 等 [25] 研究 AN 与羧酸类单体共聚物的热行为时，发现 PAN 聚合物在空气气氛下的 DSC 曲线存在双峰现象，但 PAN 均聚物的双峰重叠严重，不易分辨。而以 AIBN 引发水相悬浮聚合工艺获得的 AN/IA 共聚物在空气气氛中则呈现出多峰现象。对于 PAN 均聚物，在空气中的 DSC 曲线具有类似于 Bahrami 等发现的情况，只能看出微弱的双峰重叠现象，并不能分辨出 [26]。

4.2.1.2 TGA

　　不同单体配比的 AN/IA 共聚物在空气中的 TGA 升温曲线如图 4.2

所示,测试温度范围为室温至 400℃,升温速率 10℃ /min。从图中可以看出,不同 PAN 聚合物的热失重过程分为三个阶段:微量失重区、剧烈失重区和缓慢失重区,并且失重量和失重速率的差异反映出不同的预氧化程度和速率。微量失重区对应于 PAN 聚合物热稳定化过程中前期的脱氢反应,一般发生在室温 210℃ ~240℃。而 P0 均聚物中没有共聚单体 IA 链节引入,PI-4 共聚物则有 9.531mol% 的 IA 链节引入主链中。因此,P0 均聚物在较高温度才开始逐渐失重,PI-4 样品则在热反应初始阶段就有较大的失重。将剧烈失重区的起始温度 T_2 和该阶段的失重率 Δw_2、缓慢失重区的起始温度 T_3 和整个放热反应过程的总失重率 Δw_t 列入表 4.3 中。

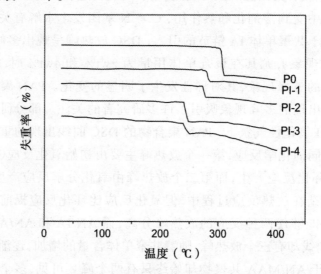

图 4.2 不同单体配比 PAN 聚合物的 TGA 升温曲线

表 4.3 基于图 4.2 中 PAN 聚合物的 TGA 升温曲线参数

样品	T_2(℃)	T_3(℃)	Δw_2(%)	Δw_t(%)
P0	284.9	338.3	22.103	24.77
PI-1	271.8	316.1	8.320	14.37
PI-2	270.0	315.2	9.421	14.50
PI-3	240.9	314.1	14.87	22.31
PI-4	236.9	283.0	6.86	24.04

从表 4.3 的数据可以看出,随着聚合物中 IA 单体链节含量增多,剧烈失重区和缓慢失重区的起始温度逐渐降低,由此可见,IA 单体具有缓和放热反应的作用。P0 均聚物由于没有共聚单体引入,放热反应加快,使得失重速率加快,总失重率最大,达到 24.77%。PAN 共聚物则随着 IA 单体引入量的增加,失重率逐渐增加。这是因为 IA 单体缓和放热反应时,使得聚合物的热解反应在较低温度下就可以进行,总失重率增加。同理,剧烈失重阶段,P0 均聚物也具有较高的失重率。而 PI-4 共聚物由于缓慢失重阶段已有较大失重,使得该阶段具有较低的失重率。

PAN 聚合物在空气气氛下的净失重实际上是热失重和增重的共同结果。预氧化过程中,伴随分子内环化或分子间交联以及氧化、脱氢等反应的进行,会释放出多种小分子气体[1,2],这些是发生热失重的主要原因。增重主要是由于在有氧气氛下,氧与分子链中的碳结合生成 C=O 或者氧进入环结构中形成醚键,氧与氢结合形成 OH 基团,在高温下脱氢形成双键[27,28]。采用 PAN 原丝进行碳化时,对应的热失重百分率与其碳化收率具有很大的关系。同时,PAN 原丝发生热解反应时的失重速率也要根据具体的预氧化工艺参数进行控制,不能太快。否则,容易造成断丝。

4.2.2 环境气氛和升温速率对 PAN 聚合物放热行为的影响

如图 4.3 所示,分别为不同 PAN 聚合物(包括 P0 均聚物、PI-1 和 PI-2 共聚物样品)在惰性气氛和空气气氛中的 DSC 升温曲线。其中,Ar 代表氩气气氛,即惰性气氛;Air 代表空气气氛,即氧化性气氛。进行 DSC 测试时,分别采用 5℃/min 和 10℃/min 两种升温速率。

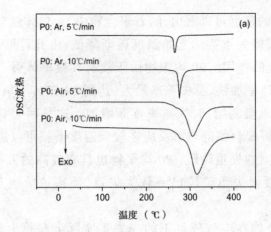

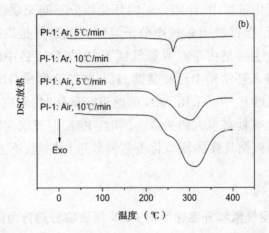

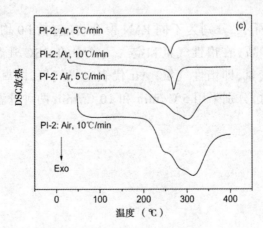

图 4.3　PAN 聚合物在不同环境气氛和升温速率下的 DSC 升温曲线

（a）P0 均聚物；（b）PI-1 共聚物；（c）PI-2 共聚物

　　环境气氛和升温速率对 PAN 聚合物的热稳定化反应产生较大影响。在预氧化过程中,氧化性气氛提供的氧使 PAN 大分子链中形成含氧结构或官能团,有利于后期碳化过程中梯形结构向乱层石墨结构的转变,并对 PAN 聚合物的环化反应起到或促进、或阻碍的作用[28]。由此可见,氧的存在与否对 PAN 聚合物的热行为产生重要影响。另外,在不同环境气氛下,PAN 聚合物中不同类型的放热反应(包括环化反应、脱氢反应和氧化反应)之间存在复杂的相互作用,并导致 DSC 放热峰产生多峰现象。因此,研究不同环境气氛下 PAN 聚合物的热性能是非常必要的。升温速率对 PAN 聚合物 DSC 曲线的影响主要体现在 DSC 放热峰特征温度随升温速率产生偏移,这主要为 PAN 原丝的预氧化工艺参数设定提供理论性指导。将图 4.3 对应于不同环境气氛和升温速率下 PAN 聚合物的 DSC 升温曲线参数列入表 4.4 中。

表 4.4　基于图 4.3 中 PAN 聚合物的 DSC 升温曲线参数

样品	气氛	加热速率 (℃/min)	T_i (℃)	T_p (℃)	T_f (℃)	ΔT (℃)	ΔH (J/g)	$\Delta H/\Delta T$ [J/(g·℃)]
P0	Ar	5	263.0	265.1	270.3	7.3	543.4	74.438
	Ar	10	267.3	275.1	292.2	24.9	481.5	19.337
	Air	5	241.7	306.2	344.1	102.4	4505	43.994
	Air	10	262.4	315.9	378.0	115.6	3492	30.207
PI–1	Ar	5	250.2	262.6	274.0	23.8	547.3	22.996
	Ar	10	257.4	270.4	286.5	29.1	527.7	18.134
	Air	5	206.2	302.7	347.3	141.1	5160	36.570
	Air	10	219.9	312.2	374.9	155.0	4747	30.626
PI–2	Ar	5	242.1	261.4	277.1	35.0	620.5	17.729
	Ar	10	249.1	269.4	290.6	41.5	562.8	13.561
	Air	5	199.4	302.1	342.9	143.5	5178	36.084
	Air	10	215.2	313.7	375.0	159.8	4909	30.720

4.2.2.1　不同环境气氛下 PAN 聚合物的 DSC 曲线

　　从图 4.3 中可以看出,惰性气氛大幅度改变了 PAN 聚合物的 DSC

放热曲线。在氩气中 PAN 均聚物和含有一定量共聚单体 IA 链节的 PAN 共聚物在低温阶段仍存在微弱的放热反应峰。惰性条件下 PAN 聚合物的放热峰形较空气条件下窄且尖锐,放热峰起始温度很高,而终止温度很低。这说明:惰性气氛下 PAN 聚合物在较窄的温度范围内发生了剧烈的集中放热反应。与之相比,在空气中的 DSC 放热峰呈现重叠的双峰或三峰,峰形较宽。

不同环境气氛下的 DSC 曲线对应的放热峰数据如表 4.4 所示。从表中数据可以看出,PAN 均聚物在空气中的 DSC 放热峰起始温度 T_i 比惰性气氛下的 T_i 约低 20℃,放热峰值温度约高 40℃,而终止放热温度 T_f 却高出 70℃~80℃。PAN 共聚物在空气中的放热峰值温度 T_p 比氩气中的峰值温度高约 40℃,终止放热温度 T_f 也高出 70℃~80℃。由于在空气中的 PAN 聚合物的环化反应和氧化反应相互作用,使得空气中的热反应峰放热量 ΔH 大幅提高。在无氧气氛中,只有环化反应和脱氢反应发生,此时的热反应峰放热量 ΔH 较低;在有氧气氛中,发生的主要反应有环化反应、脱氢反应和氧化反应,总放热量提高了 8 倍多。放热峰起始温度和终止温度的差异,使得空气中的 DSC 放热峰比氩气中的放热峰宽化,缓和了 PAN 聚合物的放热反应。

不同环境气氛下 PAN 聚合物 DSC 放热曲线的巨大差别,反映了有氧和无氧气氛中不同的预氧化反应类型和机理。从图 4.3 不同 PAN 聚合物的 DSC 放热曲线中可以看出,在放热反应初期,氧的存在具有引发放热反应的作用,降低了放热峰的起始温度;在放热反应过程中,氧阻碍了环化反应的进行,使放热峰的峰值温度和终止温度提高。不同气氛中 PAN 聚合物放热量的较大差异表明,氧化反应产生的放热量在总反应放热量中所占比例更大一些 [28]。

另外,在惰性气氛中,PAN 均聚物和共聚物的 DSC 放热峰形呈现出了较大的差异。Gupta 等 [23] 和 Bahrami 等 [25] 研究发现,无论是 PAN 均聚物还是含酸类单体的 PAN 共聚物,在惰性气氛下都存在明显的单峰现象。于美杰 [28] 对以 AN 与 IA 或其铵盐衍生物 AIA 的共聚物为组分的原丝进行研究时,发现 PAN 原丝在惰性条件下的放热峰呈现单峰现象,并得出结论:氧化性气氛是含有羧酸类共聚单体 PAN 原丝的 DSC 放热曲线产生多峰现象的前提,多个放热峰是共聚单体引发了多种化学反应的表现；在氧化性气氛中,共聚单体和较高的升温速率都起到了分离放热反应的作用。即使在惰性气氛下, PAN 均聚物和共聚物在低温阶段也存在较微弱的放热反应峰,表现出了较弱的双峰现象。在有氧条件下,双峰现象更为明显,甚至出现三峰现象。

4.2.2.2 不同升温速率下 PAN 聚合物的 DSC 曲线

从图 4.3 中不同 PAN 聚合物在不同升温速率下的 DSC 曲线图和表 4.4 中对应的数据可以看出,升温速率的快慢对 PAN 聚合物的放热反应产生较大的影响。不论是在无氧气氛还是在有氧气氛下, DSC 放热峰的三个特征峰温度 T_i、T_p 和 T_f 都随升温速率的提高向高温偏移。但是,随着升温速率的提高, DSC 放热峰特征温度向高温的偏移量不同,使 DSC 放热峰形呈现不同的变化趋势。T_i 向高温的偏移量小于 T_f 向高温的偏移量,使 DSC 放热峰形变宽,放热速率数值降低,缓和了 PAN 聚合物的放热反应。

在惰性气氛下, PAN 均聚物和共聚物的 DSC 放热峰特征温度 T_i、T_p 和 T_f 向高温的偏移量差异不大,这主要是由于 PAN 聚合物 DSC 放热反应集中。在空气气氛中, PAN 均聚物的 T_i 和 T_f 偏移量小于相同条件下 PAN 共聚物的偏移量,放热峰值温度 T_p 的偏移量则变化不大。这是由于在空气气氛中,与 PAN 均聚物相比,较多的共聚单体 IA 链节引入 PAN 共聚物中,其放热反应由离子机理引发,进而发生环化和氧化反应。由于氧对环化反应的阻碍作用较大,使 T_i 和 T_f 向高温的偏移量变大。虽然放热峰值 T_p 也向高温偏移,但 PAN 均聚物和共聚物在不同气氛和升温速率条件下的 T_p 值偏移量变化不大。

不同环境气氛和升温速率下 DSC 放热峰位置和放热峰形的变化,验证了氧对环化反应的阻碍作用。在惰性气氛中,环化反应一经自由基机理引发,便会迅速蔓延,并产生集中放热。随着环化反应的进行, $C \equiv N$ 浓度降低,已环化梯形结构限制了未环化大分子链的运动能力,环化反应受到抑制,需要提供更多的能量才能促使反应继续进行,使 T_f 随升温速率的提高向高温偏移[28]。

由此可见,当采用不同的环境气氛和升温速率时, PAN 聚合物的

DSC 放热曲线和相关参数呈现较大差异。放热峰特征温度的偏移量和特征参数的差异主要与 IA 单体的含量有关。因此,在进行 PAN 原丝的预氧化工艺参数设定时,应该充分考虑共聚单体含量和升温速率对 PAN 原丝热性能的影响,使其预氧化过程稳定进行。

4.2.3 不同分子量 PAN 聚合物的放热行为

从前述聚合工艺参数对 PAN 聚合反应的影响研究表明,在水相沉淀聚合工艺中,采用 IPA 或 n-DDM 作分子量调节剂,都对 AN/IA 共聚合反应转化率和聚合物的平均分子量产生了很大的影响。对比元素分析中 O 元素含量的结果发现,平均分子量的大小对共聚物组成中 IA 单体链节含量的影响不大。不同分子量 PAN 共聚物在空气气氛中的 DSC 放热曲线如图 4.4 所示。

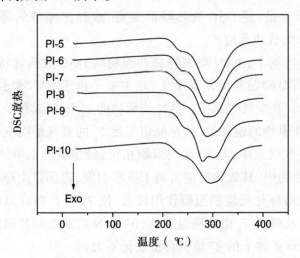

图 4.4   不同分子量 PAN 共聚物在空气气氛中的 DSC 升温曲线

表 4.5   基于图 4.4 中 PAN 聚合物的 DSC 升温曲线参数

样品	M_v ($\times 10^4$)	T_i (℃)	T_p (℃)	T_f (℃)	ΔT (℃)	ΔH (J/g)	$\Delta H/\Delta T$ [J/(g·℃)]
PI-5	106.6	208.1	293.7	351.1	143.0	5744	40.167
PI-6	84	209.5	292.6	351.0	141.5	5983	42.283

续表

样品	M_v $(\times 10^4)$	$T_i(℃)$	$T_p(℃)$	$T_f(℃)$	ΔT $(℃)$	ΔH (J/g)	$\Delta H/\Delta T$ $[J/$ $(g \cdot ℃)]$
PI-7	56	208.9	288.9	352.3	143.4	5937	41.402
PI-8	35	209.3	289.3	350.3	141.0	5666	40.184
PI-9	24	205.5	280.0	349.5	144.0	5683	39.465
PI-10	13	204.4	295.7	352.0	147.6	5523	37.419

　　将图 4.4 中所示 PAN 聚合物的 DSC 曲线对应的各放热反应参数列入表 4.5 中。由图表可以看出，PAN 共聚物的 DSC 放热曲线存在双峰(三峰重叠严重时，表现为双峰)或三峰现象。随着聚合物分子量的降低，DSC 放热峰的特征温度变化不大。当分子量较低时，放热峰起始温度略微降低，放热峰变宽，放热速率降低。因此，当进行 PAN 原丝预氧化时，应充分考虑不同分子量的 PAN 原丝的物理化学性能(包括化学结构、结晶性能和立构规整性等)与 DSC 放热曲线之间的关系，从而确定合适的预氧化工艺参数。

4.2.4 PAN 聚合物 DSC 放热反应的多峰形成机制

　　综上所述，不论是在惰性气氛中，还是在空气气氛中，水相沉淀聚合工艺制备的 PAN 均聚物和共聚物的 DSC 放热曲线，呈现独特的多峰现象。PAN 均聚物由于没有共聚单体引入，仅呈现较为微弱的双峰现象。当有共聚单体 IA 引入 PAN 大分子主链时，多峰现象较为明显。在氧化性气氛下，双峰现象更为明显，甚至变为三峰。从 4.2.1 节 ~4.2.3 节的分析可以看出，不同 PAN 聚合物 DSC 曲线中的重叠多峰现象代表着不同的化学反应，多个放热峰的出现是由于共聚单体的引入引发了多种化学反应。PAN 聚合物在惰性气氛下只存在微弱的双峰现象，而在氧化性气氛中存在较为明显的双峰和三峰现象。一般认为，在惰性气氛下，第一个放热反应峰主要是低温阶段的初始化学反应(包括环化反应和脱氢反应)，第二个放热反应峰主要由强烈的共轭成环反应引起；在氧化性气氛下，第一个放热反应峰是由初始化学反应(包括环化反应、脱氢反应和氧化反应)引起,第二个或第三个放热反应峰主要由氧化分解反应引起,并且环化反应和脱氢反应夹杂在整个反应过程中。

4.3　PAN 聚合物在热处理过程中的结构和性能变化

PAN 聚合物在热处理过程中发生的物理变化和化学变化几乎同时进行,并且许多物理变化实际上是化学变化的宏观反映[28]。PAN 聚合物发生放热反应引起的物理变化和化学变化主要表现为聚合物颜色、元素含量、化学结构和结晶度的变化。

4.3.1　颜色变化

颜色变化是 PAN 聚合物发生预氧化反应的最直观表象。当放热反应开始时,PAN 聚合物颜色由初始时的白色向淡黄色转变,随着热处理温度的提高逐渐变成黄色、棕色、棕褐色和黑色。由于在预氧化过程中存在 C≡N 基团向 C=N 基团的转变,从某种程度上可以认为 C=N 基团的产生是引起变色的原因[29,30]。PAN 聚合物在热处理过程中的颜色变化是 PAN 大分子链发生化学结构转变的结果。于美杰[28] 在不同环境气氛下对 PAN 原丝进行预氧化研究时发现,在预氧化温度和时间相同的条件下,在氮气中处理时获得的预氧丝颜色较浅,而在空气中处理时获得的预氧丝颜色较深,表明氧化性气氛促进了这种化学结构的转变。

以 P0 均聚物和 PI-1 共聚物样品为实验对象,研究发现在空气气氛中,热处理温度达到 195℃时,P0 均聚物的颜色变化较小,而 206℃ 则呈现出淡黄色。随着温度的升高,逐渐向棕色、棕褐色和黑色转变。在相同的条件下,195℃时,PI-1 已经呈现出淡黄色,之后逐渐向深色转变。对应于同样的热处理温度时,PI-1 共聚物的颜色均比相同条件下的 P0 均聚物深。这说明,在相同的温度下,PAN 共聚物已经较 PAN 均聚物提前发生了预氧化反应。这与前面分析的 IA 共聚单体的引入降低了放热峰起始温度的结论是一致的。

4.3.2 元素含量变化

在热处理过程中,不同热处理温度下 PAN 聚合物(包括 P0 均聚物和 PI-1 共聚物)的 C、N、H、O 四种元素含量随温度的变化规律如图 4.5 所示。从图 4.5 中可以看出, C 元素和 O 元素的变化趋势较为明显,随温度升高, C 元素含量逐渐降低, O 元素含量逐渐增加。而 N、H 两种元素的含量则随温热处理温度升高略有减少。

对于 P0 均聚物,当温度高于 240℃后, O 含量增加速度和 C 含量降低速率变快;对于 PI-1 共聚物,当温度高于 215℃时, O 含量增加速度和 C 含量降低速率就开始变快。这两个转折点温度都比较接近于 P0 均聚物和 PI-1 共聚物在空气中的放热反应起始温度。随温度的升高,四种元素的减少或增加都经历了三个阶段,即当温度低于该转折点温度时, O 含量增加较少, C、N、H 含量有所减少;在温度达到 300℃时, C、N、H 含量则明显降低, O 含量明显升高;当温度高于 300℃时, O 含量增加趋势变缓, C、N、H 含量降低。PAN 聚合物中各元素含量随温度的变化趋势,验证了于美杰[28] 所提出的化学反应机理,与前述 DSC 放热反应的多峰现象和其形成机制吻合。在热处理过程初期, PAN 聚合物主要发生了脱氢反应和环化反应,其氧化反应较弱。随着热处理过程的进行,当分子链段活动能力超过氧化反应所需的激活能时,氧化反应开始进行,并在反应后期逐渐加剧,同时伴随着强烈的环化反应。可以看出, C 元素和 O 元素的含量变化是热处理过程中最为明显的两个元素含量变化,其变化与 PAN 聚合物中各化学基团的含量息息相关。

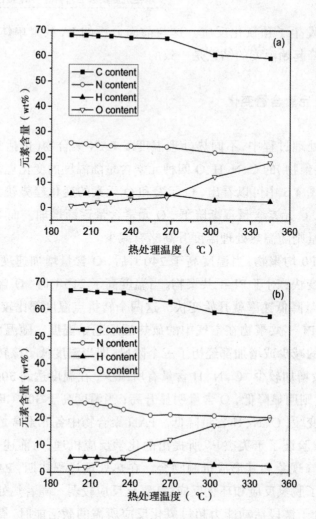

图 4.5　不同热处理温度下 P0 均聚物和 PI-1 共聚物的元素含量变化

（a）P0 均聚物；（b）PI-1 共聚物

4.3.3 化学结构变化

图 4.6 为 P0 均聚物和 PI-1 共聚物在空气气氛中,经不同温度热处理后的 FTIR 图谱,其中 RT 代表室温,即未进行热处理(下同)。

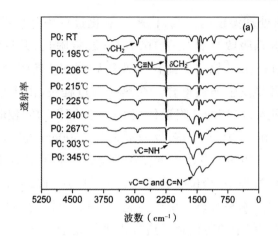

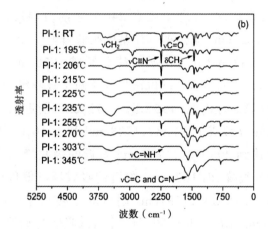

图 4.6 不同热处理温度下 P0 均聚物和 PI-1 共聚物的 FTIR 图谱

（a）P0 均聚物；（b）PI-1 共聚物

从图 4.6 中可以看出，随着热处理温度的提高，PAN 聚合物中许多官能团对应的红外特征吸收峰强度都发生了变化。其中，$2244cm^{-1}$ 附近代表 C ≡ N 伸缩振动的吸收峰、$2940cm^{-1}$ 附近和 $1455cm^{-1}$ 附近分别代表 CH_2 基团伸缩振动和弯曲振动的吸收峰、$1075cm^{-1}$ 代表对应不同 CH 振动模式的吸收峰发生了较为明显的变化，它们的吸收峰强度都随热处理温度的升高而逐渐减弱，其峰位变化较小，并在反应后期消失。而代表共聚单体 IA 链节 C=O 基团（P0 均聚物中主要是水解产生的 C=O 基团具有微弱的振动吸收峰）的 $1737cm^{-1}$ 吸收峰、水解基团（主要是 C=N 双键和 NH 基团）的 $1627cm^{-1}$ 混合振动吸收峰也发生了较大的变化。随着热处理温度的提高,代表预氧化过程中梯形结构的 C=C 和 C=N 双键的振动吸收峰叠加在 1627cm^{-1} 波数附近,并逐渐增强,且向低波数 1600cm^{-1} 附近偏移。而在热处理后期 NH 基团、C=O、C=C 和 C=N 的红外吸收发生强烈重叠。在热处理过程中,由于预氧化后期更多 O 元素的引入,1737cm^{-1} 附近代表 C=O 伸缩振动的较弱吸收峰始终存在,并向 1720cm^{-1} 附近偏移,反应后期与 1600cm^{-1} 波数吸收峰叠加。而另外一个在 1180cm^{-1} 波数附近存在的含氧官能团 C-O 单键的红外吸收峰,在热处理过程中,峰位变化不大,并与 1270~1220cm^{-1} 波数的红外吸收峰发生重叠,不易分辨。由此可见,含氧官能团的存在表明 PAN 聚合物在热处理过程中的芳构化反应并未进行完全。

对于 P0 均聚物,热处理温度在 240℃之前,1737cm^{-1} 附近较弱的 C=O 吸收峰和 1627cm^{-1} 附近的 NH 基团吸收峰峰位变化不大。当温度达到 240℃时,1737cm^{-1} 附近的吸收峰分裂成 1720cm^{-1} 和 1665cm^{-1} 两个吸收峰;1627cm^{-1} 偏移至 1600cm^{-1},且这两个吸收峰相互叠加。对于 PI-1 共聚物,在热处理前期(195℃时),1737cm^{-1} 附近代表 C=O 伸缩振动的特征吸收峰分裂成 1784cm^{-1}、1728cm^{-1} 和 1710cm^{-1} 附近的三个吸收峰。当温度达到 206℃时,1737cm^{-1} 附近的吸收峰只有 1784cm^{-1} 和 1710cm^{-1} 两个分裂峰,而 1627cm^{-1} 附近的吸收峰已偏移至 1600cm^{-1} 附近。当温度达到 215℃时,1737cm^{-1} 附近的分裂峰合并成一个吸收峰,并偏移至 1710cm^{-1} 附近,此后随温度升高该吸收峰始终存在。频率位移反映出 C=O、C=N、C=C 或 NH 官能团周围化学环境发生变化,共轭效应和诱导效应都能够造成吸收频率向低波数位移。这是由于预氧化过程中 PAN 大分子结构发生转变造成的,即线形大分子结构向梯形结构转变[28,32]。

对于 P0 均聚物和 PI-1 共聚物,在 303℃之后,2940cm^{-1} 和 1455cm^{-1} 波数附近代表 CH$_2$ 基团伸缩振动和弯曲振动的红外吸收峰已基本消失。而在低波数段 1360cm^{-1}、1250cm^{-1} 附近仍存在 C-H 键的变形振动吸收峰,这是预氧化梯形结构中不同 C-H 结构红外振动模式的体现。除此之外,C ≡ N 基团也在 303℃之后发生较大变化,其 2244cm^{-1} 附近的红外振动主峰在高温阶段逐渐消失,取而代之的是其 2192cm^{-1} 附近代表 C=NH 基团伸缩振动的肩峰逐渐增强,并向 2224cm^{-1} 附近偏移。在热处理过程后期,C ≡ N 基团的红外吸收峰强度开始大幅度减弱,说明 C≡N 的环化反应逐渐从"慢速反应期"向"剧烈反应期"转变。低波数阶段 1075cm⁻¹ 附近的混合振动峰(包括 CH₂ 基团、C-CN 基团和 C-C 骨架振动等)在高温阶段已变得非常微弱,而 778cm⁻¹ 附近代表 C-CN 基团的伸缩振动和 CH₂ 基团的弯曲振动混合振动吸收峰,在高温阶段则变强,并向较高波数 806cm⁻¹ 附近偏移。538cm⁻¹ 波数附近归因于 C-CN 基团的弯曲振动峰则在高温阶段逐渐消失。

从上述 PAN 聚合物在热处理过程中的化学结构变化可以看出,主官能团 C≡N、CH₂ 基团的伸缩振动和弯曲振动以及不同模式的 C-H 振动峰逐渐减弱或消失,表明 C 元素含量在热处理过程中逐渐降低,环化反应、脱氢反应和氧化反应是贯穿在整个热处理过程中的。含氧官能团 C=O 基团和 C-O 单键的存在,并伴随着 O 元素含量的逐步增加,表明该热处理过程中的梯形结构转变反应并未发生完全,这与水相沉淀聚合工艺制备的 PAN 聚合物具有较高的平均分子量有一定关系。由此可见,高分子量 PAN 聚合物制备的 PAN 原丝在进行预氧化过程时,需要严格考虑预氧化工艺与聚合物结构和性能之间的相互关系,以便使 PAN 原丝的预氧化过程进行充分,尽量避免皮芯结构的形成,进而获得性能优异的 PAN 预氧丝。

4.3.4 结晶性能变化

PAN 聚合物在热处理过程中,除了各元素含量和化学结构特征发生较明显的变化外,其结晶性能也随热处理温度的提高发生了不同程度的变化。如图 4.7 所示,为不同 PAN 聚合物样品(包括 P0 均聚物和 PI-1 共聚物)在空气气氛中进行热处理后的 WAXRD 图谱变化曲线。将图 4.7 对应的 WAXRD 曲线参数列入表 4.6 和表 4.7 中。根据 PAN 聚合物的两相准晶结构(tow-phase semi-crystalline structure)模型,即存在结晶区(或有序区)和非晶区(或无序区)[31]。在整个热处理过程中,PAN 聚合物的结晶区和非晶区中的大分子链段,通过不断运动和结构重组,准晶结构从逐渐形成到趋于完善,并在热反应后期遭到破坏,晶区反应剧烈进行,形成一种较稳定的新结构,即梯形聚合物结构[28,32]。

从图 4.7、表 4.6 和表 4.7 中可以看出,在热处理过程中,WAXRD

曲线中代表有序区的 $2\theta\approx17°$ 和 $2\theta\approx29°$ 附近的衍射峰呈现先增强而后减弱的趋势。随着热处理温度提高，$2\theta\approx17°$ 附近的衍射峰半高宽先减小后增大。当热处理温度较高时，该衍射峰的位置向低角度偏移并逐渐减弱，但未完全消失，表明 PAN 聚合物中的有序区结构在热处理过程中并未完全转化为非晶区。这与热处理过程中的化学结构变化是一致的。在热处理后期，$2\theta\approx25.5°$ 附近代表非晶区的慢散射逐渐出现，并随温度的提高逐渐增强。

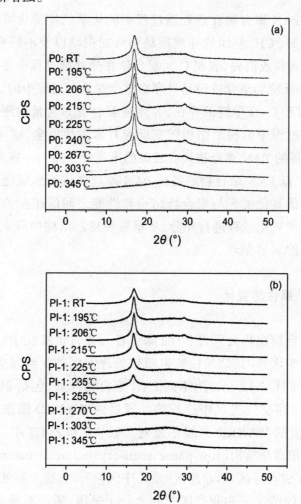

图 4.7　同热处理温度下 P0 均聚物和 PI-1 共聚物的 WAXRD 曲线

（a）P0 均聚物；（b）PI-1 共聚物

表 4.6　基于图 4.6（a）中 P0 均聚物的 WAXRD 曲线参数

温度（℃）	2θ（°）	d（nm）	FWHM（°）	L_c（nm）	X_c（%）
RT	16.88	0.5253	1.27346	6.242	46.24
195	16.78	0.5284	1.06065	7.494	47.24
206	16.76	0.5290	1.06505	7.463	44.99
215	16.80	0.5278	1.00370	7.919	43.57
225	16.80	0.5278	0.93304	8.519	45.92
240	16.86	0.5259	0.87464	9.088	41.77
267	16.76	0.5290	1.08917	7.297	36.12

表 4.7　基于图 4.6（b）中 PI-1 共聚物的 WAXRD 曲线参数

温度（℃）	2θ（°）	d（nm）	FWHM（°）	L_c（nm）	X_c（%）
RT	16.76	0.5290	1.27346	6.241	45.22
195	16.80	0.5278	0.96827	8.209	52.96
206	16.78	0.5284	0.92029	8.637	46.03
215	16.72	0.5303	0.90147	8.816	45.66
225	16.58	0.5347	1.09208	7.276	38.38
235	16.66	0.5322	1.44737	5.491	37.87
255	16.42	0.5399	1.67612	4.740	23.79
270	15.96	0.5554	5.56580	1.427	15.27

　　在空气中进行热处理时，对于 P0 均聚物而言，240℃是 $2\theta \approx 17°$ 附近的衍射峰半高宽和（100）晶面对应晶粒尺寸发生变化的转折点。当温度低于 240℃时，晶粒尺寸随温度升高逐渐增大，温度提高之后晶粒尺寸开始减小。当温度更高时，代表有序区的 $2\theta \approx 17°$ 附近的衍射峰才开始逐渐消失。在 267℃之前，$2\theta \approx 17°$ 的衍射峰位置变化不大，只有半高宽发生较大的变化。当热处理温度在 240℃左右时，P0 均聚物开始发生放热反应，在 240℃之后发生的热反应主要是 PAN 聚合物的晶区向非晶区转变的过程，即 $2\theta \approx 17°$ 的（100）结晶峰和 $2\theta \approx 29°$ 的（110）结晶峰开始减弱，到 267℃之后，代表非晶区的 $2\theta \approx 25.5°$ 的漫散射峰开始出现，使得 PAN 的结晶度降低。

同样对于 PI-1 共聚物,215℃是(100)晶面衍射峰半高宽和晶粒尺寸发生变化的转折点,其晶粒尺寸在热处理温度为 215℃前后呈现先增加后减小的趋势,并在 235℃时逐渐明显,270℃时的晶粒尺寸仅相当于 215℃时的 1/6。同时,$2\theta \approx 17°$ 附近的衍射峰逐渐消失。除此之外,当热处理温度低于 215℃时,(100)晶面衍射峰的位置几乎不发生变化;当温度高于 215℃时,衍射角 2θ 逐渐向低角度偏移,从 215℃的 16.72° 减小到 270℃的 15.96°,并对应着(100)晶面间距的逐渐增大。以上实验结果说明,当温度低于 215℃时,在高于聚合物玻璃化转变温度的条件下,大分子链段的活动能力较强,无序排列的分子链趋于向有序转化,特别在界面能较高的非晶区与晶区交界处,有利于有序化结构的转变,使得预氧化反应集中在非晶区进行。因此,随热处理温度提高,PAN 聚合物的晶粒尺寸逐渐增大。当温度高于 215℃时,足够的能量促使预氧化反应扩展至晶区,同时大分子链结构向梯形结构的逐渐转变造成晶格畸变,并发生非晶化,破坏了 PAN 大分子原有的晶体结构,使衍射峰位置发生位移,晶粒尺寸减小,聚合物结晶度降低。当温度高达 255℃时,(100)晶面衍射峰已较弱,(110)晶面衍射峰基本消失,表明原有的大分子晶体结构逐渐向非晶化结构转变;$2\theta \approx 25.5°$ 附近出现的漫散射峰代表了新序态结构的形成,其与最终碳纤维乱层石墨结构的(002)晶面衍射峰的位置基本一致[28]。

4.4 小 结

采用 DSC 和 TGA 热分析测试技术研究了不同 PAN 聚合物的放热行为,并结合 EA、WAXRD 和 FTIR 探讨了 PAN 聚合物在热处理过程中的结构和性能变化,得出以下结论:

(1)与均聚物相比,PAN 共聚物具有较低的放热峰起始温度、较大的放热峰宽、较低的放热速率和较低的总失重率。共聚单体 IA 的引入,缓和了 PAN 聚合物的放热反应,并且具有引发环化反应、减少分子链断链和热裂解的作用。

（2）不论是在惰性气氛中，还是在空气气氛中，PAN 聚合物的 DSC 放热曲线呈现出多峰现象。在惰性气氛下，PAN 聚合物一般呈现较弱的双峰现象。在氧化性气氛下，双峰现象多峰较为明显，甚至呈现三峰现象。与 PAN 共聚物相比，PAN 均聚物的 DSC 放热曲线呈现较弱的双峰现象。PAN 聚合物 DSC 放热曲线的多峰现象是加热过程中聚合物大分子链发生多种热反应的表现。

（3）与惰性气氛下相比，PAN 聚合物在氧化性气氛下的 DSC 放热曲线具有较低的放热峰起始温度、较高的放热峰值温度、放热峰终止温度、放热峰宽和放热量，放热速率较低。随着升温速率提高，PAN 聚合物的 DSC 放热峰特征温度向高温偏移。随着 PAN 共聚物平均分子量的降低，其 DSC 放热峰特征温度变化不大，放热峰形表现为双峰或三峰。当分子量较低时，放热峰起始温度略降，放热峰宽化，放热速率降低。

（4）随着在空气气氛中热处理温度的提高，PAN 聚合物的颜色从淡黄色逐渐向黑色转变，聚合物中 O 元素逐渐增加，C、N、H 元素含量逐渐降低。PAN 聚合物的结晶度和晶粒尺寸先增大后减小。预氧化后期代表非晶区的 $2\theta \approx 25.5°$ 附近的衍射峰逐渐出现并增强。$2940cm^{-1}$ 和 $1455cm^{-1}$ 附近代表 CH_2 的伸缩振动和弯曲振动、$2244cm^{-1}$ 附近代表 $C \equiv N$ 的伸缩振动逐渐减弱并消失；$1737cm^{-1}$ 附近代表 C=O 伸缩振动的红外吸收峰和 $1180cm^{-1}$ 附近代表含氧官能团 C-O 单键伸缩振动的红外吸收峰始终存在，并与相邻吸收峰发生重叠；$1600cm^{-1}$ 附近代表预氧化梯形结构的 C=C 和 C=N 的红外吸收峰逐渐出现并增强。

参考文献

[1] 王茂章，贺福. 碳纤维的制造、性能及其应用 [M]. 北京：科学出版社，1984.

[2] 贺福. 碳纤维及其应用技术 [M]. 北京：化学工业出版社，2004.

[3] Gupta A K，Paliwal D K，Bajaj P. Acrylic precursors for carbon fibers[J]. Journal of Macromolecular Science-Reviews in Macromolecular Chemistry and Physics, 1991, c31（1）：1-89.

[4] Sen K，Bahrami S H，Bajaj P. High-performance acrylic fibers[J]. Journal of Macromolecular Science-Reviews in Macromolecular Chemistry and Physics, 1991, c36（1）：1-76.

[5] Gupta A K，Singhal R P. Effect of copolymerization and heat treatment on the structure and X-ray diffraction of polyacrylonitrile[J]. Journal of Polymer Science, Part B：Polymer Physics, 1983, 21(11)：2243-2262.

[6] Edie D D. The effect of processing on the structure and properties of carbon fibers[J]. Carbon, 1998, 36（4）：345-362.

[7] Mittal J，Mathur R B，Bahl O P. Post spinning modification of PAN fibres-a review[J]. Carbon, 1997, 35（12）：1713-1722.

[8] Tsai J S, Lin C. The effect of the distribution of composition among chains on the properties of polyacrylonitrile precursor for carbon fiber[J]. Journal of Materials Science, 1991, 26：3996-4000.

[9] Fitzer E，Frohs W，Heine M. Optimization of stabilization and carbonization treatment of PAN fibres and structural characterization of the resulting carbon fibres[J]. Carbon, 1986, 24（4）：387-394.

[10] Grassie N，McGuchan R. Pyrolysis of polyacrylonitrile and related polymers：I. Thermal analysis of polyacrylonitrile[J]. European Polymer Journal, 1970, 6（9）：1277-1292.

[11] Grassie N，McGuchan R. Pyrolysis of polyacrylonitrile and related polymers：III. Thermal analysis of preheated polymers[J]. European Polymer Journal, 1971, 7（10）：1357-1371.

[12] Grassie N，McGuchan R. Pyrolysis of polyacrylonitrile and related polymers：IV. Thermal analysis of polyacrylonitrile in the presence of additives[J]. European Polymer Journal, 1971, 7（11）：1503-1514.

[13] Grassie N，McGuchan R. Pyrolysis of polyacrylonitrile and related polymers：Ⅵ. Acrylonitrile polymers containing carboxylic acid and amide structures[J]. European Polymer Journal，1972，8（2）：257-269.

[14] Grassie N，McGuchan R. Pyrolysis of polyacrylonitrile and related polymers：Ⅶ. Copolymers of acrylonitrile with acrylate，methacrylate and styrene type monomers[J]. European Polymer Journal，1972，8（7）：865-878.

[15] Grassie N，McGuchan R. Pyrolysis of polyacrylonitrile and related polymers：Ⅷ. Copolymers of acrylonitrile with vinyl acetate，vinyl formate，acrolein and methyl vinyl ketone[J]. European Polymer Journal，1973，9（2）：113-124.

[16] Zhang S C，Wen Y F，Yang Y G，et al. Effects of itaconic acid content on the thermal behavior of polyacrylonitrile[J]. New Carbon Materials，2003，18（4）：315-318.

[17] 陈厚，王成国，崔传生，等. 丙烯腈共聚物低温热解反应动力学 [J]. 高分子材料科学与工程，2004，20（4）：181-184.

[18] Zhang W X，Liu J J，Wang Y Z，et al. The effect of different comonomer on the properties of PAN precursor for carbon fiber[J]. China Synthetic Fiber Industry，1999，22（1）：24-25.

[19] 张旺玺. 丙烯腈与衣康酸共聚物的合成与表征 [J]. 山东工业大学学报，1999，29（5）：411-416.

[20] 孙春峰，王成国，张旺玺. 不同共聚单体与丙烯腈的共聚合及其表征 [J]. 合成技术及应用，2003，18（4）：9-12.

[21] Bajaj P，Paliwal D K，Gupta A K. Acrylonitrile-acrylic acids copolymers：Ⅰ. Synthesis and characterization[J]. Journal of Applied Polymer Science，1993，49：823-833.

[22] Gupta A K，Paliwal D K，Bajaj P. Effect of an acidic comonomer on thermooxidative stabilization of polyacrylonitrile[J]. Journal of Applied Polymer Science，1995，58：1161-1174.

[23] Gupta A K，Paliwal D K，Bajaj P. Effect of the nature and mole fraction of acidic comonomer on the stabilization of

polyacrylonitrile[J]. Journal of Applied Polymer Science, 1996, 59: 1819-1826.

[24] Bajaj P, Sreekumar T V, Sen K. Thermal behaviour of acrylonitrile copolymers having methacrylic and itaconic acid comonomers[J]. Polymer, 2001, 42: 1707-1718.

[25] Bahrami S H, Pajaj P, Sen K. Thermal behavior of acrylonitrile carboxylic acid copolymers[J]. Journal of Applied Polymer Science, 2003, 88: 685-698.

[26] Zhao Y Q, Wang C G, Bai Y J, et al. Property changes of powdery polyacrylonitrile synthesized by aqueous suspension polymerization during heat-treatment process under air atmosphere[J]. Journal of Colloid and Interface Science, 2009, 329: 48-53.

[27] Sen K, Bajaj P, Sreekumar T V. Thermal behavior of drawn acrylic fibers[J]. Journal of Polymer Science Part B: Polymer Physics, 2003, 41: 2949-2958.

[28] 于美杰. 聚丙烯腈纤维预氧化过程中的热行为与结构演变[D]. 济南: 山东大学, 2007.

[29] LaCombe E M. Color formation in polyacrylonitrile[J]. Journal of Polymer Science, 1957, 24（105）: 152-154.

[30] Grassie N, Hay J N, McNeill I C. Coloration in acrylonitrile and methacrylonitrile polymers[J]. Journal of Polymer Science, 1958, 31（122）: 205-206.

[31] Warner S B, Uhlmann D R. Oxidative stabilization of acrylic fibres[J]. Journal of Materials Science, 1979, 14: 1893-1900.

[32] 季敏霞. PAN 原丝在预氧化和碳化过程中微观结构的演变[D]. 济南: 山东大学, 2008.

第 5 章

混合溶剂沉淀法制备高分子量PAN

5.1　过硫酸铵引发制备 AN/IA 共聚物

聚丙烯腈（PAN）纤维是生产碳纤维最具潜力的前驱体，采用高分子量 PAN 树脂（HMWPAN）进行纺丝是制备高性能 PAN 原丝和碳纤维的重要途径 [1,2]。常用于 PAN 纤维工业化生产的聚合方法主要有均相溶液聚合和水相聚合工艺（主要是水相沉淀聚合）[3]。通常，采用均相溶液聚合工艺制备的 PAN 聚合产物分子缺陷和链支化较少，但有机溶剂的存在易发生较多的链转移反应而不利于制备出 HMWPAN[4]。非均相水相聚合体系引入水作为反应介质，可以减少向溶剂的链转移反应，有助于制得 HMWPAN[5]。而混合溶剂沉淀聚合体系仅在水中混入部分有机溶剂，兼具溶液聚合和水相聚合的双重优点，即可在减少向溶剂链转移反应的同时，方便地控制聚合反应转化率和聚合物平均分子量，且产物质地疏松，较易溶解。由此可见，该方法具有制备高品质 PAN 聚合物的潜力，能够成为制备高品质碳纤维用 PAN 前驱体的理想方法 [1,2]。但是，采用该工艺进行 PAN 纤维工业化的报道却较少。

国内外学者关于丙烯腈（AN）与最常用共聚单体衣康酸（IA）的混合溶剂沉淀共聚合工艺多采用油溶性引发剂——偶氮二异丁腈（AIBN）进行引发聚合，均成功制得了分子量较高的 PAN 共聚物 [6-9]。而在水溶性引发体系方面，几乎没有相关的文献 [6-10]。采用水溶性引发剂有利于提高 PAN 聚合产物的亲水性，从而制备出高性能的 PAN 前驱体。因此，本工作首次采用单一水溶性铵盐——过硫酸铵（APS）作为二甲基亚砜 / 水（DMSO/H_2O）混合溶剂沉淀聚合工艺的引发剂，以 IA 作为共聚单体，制备了高分子量的 PAN 聚合物。采用这种单一的水溶性铵盐引发剂，可以有效避免碱金属离子对最终碳纤维力学性能的影响 [1,2]。同时，APS 作为该聚合体系的引发剂时，可直接溶于水中并受热分解为两个阴离子自由基（$SO_4 \cdot^-$），进而在自由基反应机理下引发 AN 与乙烯基

单体的共聚合反应 [1-3,5,11]。在此基础上,研究了两个主要反应因素(混合溶剂配比和单体配比)对 AN/IA 共聚合反应的转化率和聚合物分子量的影响,并采用傅里叶变换红外光谱仪(FTIR)和元素分析仪(EA)对其化学结构和组成进行了表征,希望获得一些对提高碳纤维工业水平具有理论性指导的应用成果。

5.1.1 原材料

(1)丙烯腈(AN):化学纯,郑州派尼化学试剂厂生产。
(2)二甲基亚砜(DMSO):分析纯,天津市大茂化学试剂厂生产。
(3)过硫酸铵(APS):分析纯,洛阳市化学试剂厂生产。
(3)衣康酸(IA):分析纯,天津市光复精细化工研究所生产。
(4)去离子水(H_2O):市售饮用级纯净水。

5.1.2 混合溶剂沉淀共聚合反应制备 PAN 聚合物

在氮气保护下,将 AN 和 IA 单体按照一定配比与引发剂 APS 混合均匀加入到定量的混合介质 DMSO/H_2O 中,利用水浴加热至 60℃,在机械搅拌下进行共聚合反应。将制得的聚合物浆液经多次过滤、洗涤、干燥,获得白色粉末状 PAN 聚合物。进行聚合时,以如下实验条件为反应基准:总单体浓度 C_t=22wt%,引发剂浓度 [APS]=0.6wt%(占总单体浓度),反应温度 T=60℃,反应时间 t=2h。研究某一因素影响时,其他因素保持恒定。其中,共聚单体 IA 含量从 0wt% 到 10wt%,混合溶剂中的 DMSO 含量从 0wt% 到 10wt%(wt 代表以质量进行配比)。

5.1.3 PAN 聚合物的测试和表征

以称重法测量该混合溶剂沉淀共聚合反应的转化率。
以 DMSO 为溶剂,在(30±0.5)℃恒温水浴中利用乌氏黏度计和"一点法"公式测定 PAN 聚合物的特性黏数 [η],由 Mark-Houwink 方程 [η]=2.865×$10^{-4}M_v^{0.768}$ 求出黏均分子量(M_v)[12]。
把烘干后的粉末状 PAN 聚合物在不掺入 KBr 的条件下直接压出

较为透明的薄片进行 FTIR 表征，在美国 PerkinElmer 公司 Frontier 型 FTIR 仪器上扫描 16 次，扫描范围为 400~4000cm^{-1}。PAN 聚合物中的 AN 和 IA 含量在德国 Elementar Analysensysteme GmbH 公司 Vario Macro cube 型 EA 仪器上，通过氧元素含量进行确定[11,13]。

5.1.4 聚合反应因素对 PAN 聚合产物结构与性能的影响

5.1.4.1 不同混合溶剂配比对 PAN 聚合反应的影响

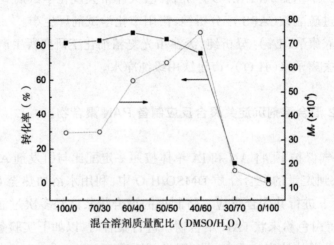

图 5.1 不同混合溶剂质量配比对 PAN 聚合物黏均分子量和转化率的影响

如图 5.1 所示为不同混合溶剂质量配比对 PAN 聚合物黏均分子量和转化率的影响曲线，其中 C_t=22wt%，[APS]=0.6wt%（占总单体浓度），IA 用量为 1wt%，混合溶剂 DMSO/H$_2$O 配比从 100/0（wt/wt）到 0/100（wt/wt）。从图 5.1 可以看出，在 DMSO/H$_2$O 质量配比从 70/30（wt/wt）到 30/70（wt/wt）的变化过程中，聚合反应转化率在 DMSO/H$_2$O=60/40（wt/wt）时达到极值。这种变化可能是 AN 在不同质量配比 DMSO/H$_2$O 混合溶剂中的溶解度改变，并且混合溶剂 DMSO/H$_2$O 质量配比为 60/40（wt/wt）是 AN 及其共聚单体溶解度的临界点，因此导致不同的聚合机理[7,8]。根据聚合单体和引发剂在 DMSO/H$_2$O 混合溶剂中的溶解性特征，在 DMSO/H$_2$O 的质量比较高时（DMSO 含

量 ≥ 60wt%），溶液混合后均匀且不分层。由于 APS 具有较强的水溶性，聚合反应首先在混合溶剂中引发。随着混合溶剂配比的改变，聚合前期产生的 PAN 聚合物能够溶于 DMSO 中，使其呈现溶液聚合特征。由于沉淀剂 H_2O 的存在，当 PAN 分子量增至一定程度时，聚合物从混合溶剂中析出形成聚合物颗粒相，进而吸附单体和活性中心进行聚合反应。但是，具有较高链转移系数的 DMSO 溶剂的存在使得增长活性链在反应过程中易发生链转移反应，这会大大降低聚合速率，从而使转化率降低[14]。当 DMSO/H_2O 的质量比较低时，多余的 AN 不能与混合溶剂形成均匀反应体系，PAN 聚合产物更易从混合溶剂中析出。随着混合溶剂中 H_2O 含量的增加，APS 的浓度变相降低，延缓了 AN 聚合反应由于产生沉淀会引起的自加速过程，从而降低了聚合反应转化率。

随着混合溶剂中 DMSO 组分的增加，黏均分子量逐渐降低，这主要是因为 DMSO 溶剂具有较高的链转移系数，较高的 DMSO 用量使增长链容易发生链转移，使 PAN 产物聚合度降低[12]。同时，由于 H_2O 含量的减少使得溶于 H_2O 中的引发剂浓度变相升高，造成 PAN 聚合产物平均分子量降低[11,14]。而当混合溶剂中 DMSO 含量达到 30wt% 时，聚合反应转化率和分子量明显降低主要是由于较高的水含量使得 APS 的有效浓度不足以制备出较多的 PAN 产物。

当仅有一种 DMSO 或 H_2O 作为反应介质时，该反应分别遵循均相溶液聚合或水相沉淀聚合机理。结果表明，该均相溶液体系具有比纯水相体系高的转化率的分子量，主要是因为较高的水含量造成了较低的 APS 浓度，而均相溶液体系则因 APS 溶于 DMSO 中引发聚合反应，并在强烈搅拌下而发生明显的自加速现象。

5.1.4.2 不同单体配比对 PAN 聚合反应的影响

如图 5.2 所示为不同单体配比对 PAN 聚合物黏均分子量和转化率的影响曲线，其中 C_t=22wt%，[APS]=0.6wt%（占总单体浓度），混合溶剂 DMSO/H_2O 配比为 50/50（wt/wt），IA 含量从 0wt% 到 10wt%。从图 5.2 中可以看出，当聚合单体中 IA 的比例不超过 4% 时，随其含量增大，聚合反应的转化率略有升高，产物黏均分子量升高。当其比例达到 10wt% 时，该聚合反应的转化率和产物平均分子量均达最低。

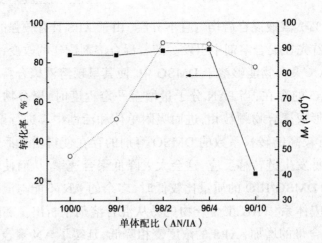

图 5.2　不同单体配比对 PAN 聚合物黏均分子量和转化率的影响

　　根据 Q-e 规则，AN 与 IA 共聚时，IA 的竞聚率较 AN 的大，即在 AN 与 IA 发生共聚时，自由基进攻 IA 单体要比进攻 AN 单体更容易一些，这主要是由于 IA 季碳离子较强的共轭效应能使与其反应后的自由基能量降得更低，自由基活性减弱，从而使活性中心大大稳定下来[1,2,5,13,14]。但 IA 的加入并没有过多地提高聚合反应的速率，主要是因为 IA 单体较大的分子尺寸使其发生自由基反应时具有明显的空间位阻效应，不利于聚合反应进行，仅使转化率略有提高。而 PAN 产物的平均分子量则发生较大变化，在 IA 单体含量小于 4wt% 时，聚合物分子链上的较大共聚单体侧基使产物平均分子量升高。当 IA 单体用量达到 10wt% 时，过量的共聚单体阻碍了链增长反应的发生，2h 内的聚合反应转化率只有 23.5%，且产物平均分子量较之前有所降低。这是因为 IA 单体使自由基变得较为稳定，再加上较多共聚单体的空间位阻效应使 IA 单体在其上继续增长较难，在自由基存活期间链上的 AN 或 IA 链节数较少，因而分子量降低。由此可见，为了获得高转化率，应适当降低聚合单体中 IA 的用量。一般来说，用于制备高性能 PAN 前驱体时 IA 的质量分数不超过 2wt%，在满足高转化率的同时保证碳纤维具有较高的碳化收率[1,2]。

5.1.4.3 不同单体配比 PAN 聚合物的 FTIR 图谱

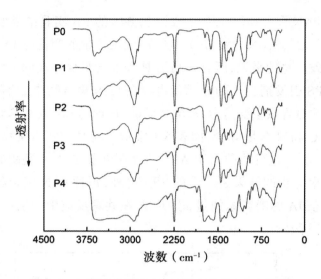

图 5.3　不同单体配比 PAN 聚合物的 FTIR 图谱

　　不同共聚单体配比制备的 PAN 聚合物的 FTIR 图谱如图 5.3 所示,其中 P0 为 PAN 均聚物,P1、P2、P3、P4 为 PAN 共聚物,分别代表喂料时 IA 的含量为 1wt%,2wt%,4wt% 和 10wt%。在 2940cm^{-1} 附近较强的吸收峰归因于 CH、CH$_2$ 基团中的 C-H 键的伸缩振动[15]。波数为 2240cm^{-1} 的最强吸收峰是 C ≡ N 键的特征吸收峰,表明 AN 单元在 PAN 聚合物中连续存在[16]。波数分别在 1450cm^{-1},1360cm^{-1} 和 1250cm^{-1} 左右的红外吸收峰则归属于不同形式的 C-H 的变角振动。

　　PAN 共聚物中 1730cm^{-1} 处为 C=O 伸缩振动吸收峰,说明 IA 单体参与了共聚反应,随着共聚单体 IA 用量的增多,IA 单体链节在 PAN 共聚物中的分布也逐渐增多,C=O 的伸缩振动出现明显增强,且峰形变宽。在 PAN 均聚物的谱图上,明显产生 C=O 的伸缩振动吸收峰,主要是由于 AN 在聚合过程中,除了容易产生 C=NH 双键外,C ≡ N 基团也易发生部分水解产生 -COOH 和 -CONH 基团,使得 PAN 均聚物在波数范围 3600~3200cm^{-1} 之间有很强的吸收,这代表了 OH 基团和水解产生的 N-H 键的伸缩振动[17]。同时,在低波数 1620cm^{-1} 附近的吸收峰对应于 N-H 键的变形振动。所有谱峰的位置并未因 IA 单体用量的变化而发生改变。

5.1.4.4 不同单体配比 PAN 聚合物的 EA 分析

不同 PAN 聚合物(P0,P1,P2,P3,P4)的 EA 实验结果如图 5.4 所示,不同碳(C)、氮(N)、氢(H)、氧(O)元素含量的变化与 IA 在喂料时的用量一致。总的来说,所有样品的 H 和 S 含量保持在同一水平,而喂料时由 APS 引发剂引入的 S 元素也存在 PAN 聚合物中。不同的 PAN 共聚物中的 O 含量主要是由 IA 单体提供。因此,随着 IA 喂料量的增加,必然导致 C 和 N 含量减少,如表 5.1 所示。同时,P0 均聚物样品中也检测出 O 元素,这可能归因于 APS 的存在以及 C ≡ N 基团的水解,这与红外光谱分析的结果是一致的[17]。另外,每种 PAN 聚合物的 IA 计算含量高于 IA 的喂料添加量,表明 IA 在共聚反应中的反应活性大于AN 单体[1,2,5,13,14]。

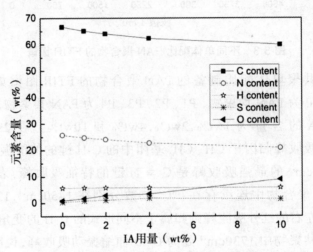

图 5.4   不同 PAN 聚合物的 EA 实验结果

表 5.1   基于图 5.4 的 IA 含量计算结果

聚合物	IA 用量(wt%)	O 元素含量(wt%)	PAN 聚合物中的 IA 含量(wt%)
P0	0	0.862	—
P1	1	1.713	3.48
P2	2	2.854	5.80
P3	4	3.473	7.05
P4	10	8.928	18.14

5.1.5 小结

以单一的水溶性无机铵盐 APS 为引发剂,采用混合溶剂沉淀聚合工艺制备了高分子量的 PAN 聚合物。实验结果表明:

(1)随着混合溶剂中 DMSO 组分的减小,转化率先增加后减少,聚合物平均分子量则逐渐升高;聚合产物转化率和分子量分别在 DMSO 用量为 60wt% 和 40wt% 时达到最大;当聚合反应中 IA 单体的用量达到 10% 时,产物分子量较 4% 时有所降低,转化率降低幅度较大。

(2)在 PAN 聚合物的 FTIR 图谱上,主官能团 C ≡ N 基团的伸缩振动峰为最强峰,次官能团 CH_2 基团和不同 CH 的振动也表现较强;随着共聚单体 IA 用量的增加,谱图中 1730cm^{-1} 附近代表 C=O 基团的伸缩振动峰强度增强,并且 PAN 共聚物中的 IA 含量也逐渐增加。

5.2　过硫酸铵引发制备 AN/AM 共聚物

高品质 PAN 共聚物是制备高性能碳纤维最具潜力的前驱体,采用高分子量 PAN 树脂进行纺丝是制备高性能 PAN 原丝和碳纤维的重要途径 [14,18]。混合溶剂沉淀聚合兼具均相溶液聚合和水相悬浮(或沉淀)聚合的双重优点,部分水的存在使聚合体系呈现沉淀聚合特征,并能减少向溶剂小分子的链转移反应,以便制得分子量较高的 PAN 产物,但不至于过高,具有制备高性能碳纤维用 PAN 前驱体的巨大潜力 [1,7]。常用的与 AN 进行共聚的乙烯基单体,如 IA、MA 等,可有效地改善 PAN 纺丝原液的可纺性,并降低其后续预氧化过程的环化反应速率,从而达到调控最终 PAN 原丝力学性能的目的 [2,19]。采用 AM 作为共聚单体时,可用来改善 PAN 的亲水性,以减缓凝固速率,达到控制 PAN 原丝微孔结构的目的,以获得质量较好的碳纤维用原丝 [10]。

国内外学者关于 AN 的混合溶剂沉淀共聚合工艺多采用油溶性

引发剂——AIBN 进行引发聚合,均制得了分子量较高的 PAN 共聚物[6-9]。而水溶性过硫酸盐引发剂使用方面的研究文献几乎没有,尤其是用于 H$_2$O/DMF 混合溶剂体系。本工作首次采用单一水溶性 APS 作为聚合反应引发剂,可有效地避免碱金属离子对最终碳纤维力学性能的影响,且具有比 AIBN 较低的产品价格[2-4]。针对 AN 与 AM 在 H$_2$O/DMF 混合溶剂中的沉淀聚合工艺,重点研究了混合溶剂配比和单体配比对 AN/IA 共聚合反应转化率和聚合物分子量的影响,并采用元素分析仪(EA)、傅里叶变换红外光谱仪(FT-IR)、广角 X 射线衍射仪(WAXD)和差示扫描量热分析仪(DSC)对其物化结构和性能进行了表征。

5.2.1 原材料

(1)丙烯腈(AN):化学纯,郑州派尼化学试剂厂生产。
(2)二甲基亚砜(DMSO):分析纯,天津市大茂化学试剂厂生产。
(3)过硫酸铵(APS):分析纯,洛阳市化学试剂厂生产。
(4)衣康酸(IA):分析纯,天津市光复精细化工研究所生产。
(5)丙烯酰胺(AM):分析纯,天津市光复精细化工研究所生产。
(6)二甲基甲酰胺(DMF):分析纯,天津市光复精细化工研究所生产。
(7)去离子水(H$_2$O):实验室自制。

5.2.2 混合溶剂沉淀共聚合反应制备 PAN 聚合物

在氮气保护下,将 AN 和 AM 单体按照一定配比与引发剂 APS 混合均匀加入定量的混合介质 H$_2$O/DMF 中,利用水浴加热,在固定转速下进行共聚合反应。将制得的聚合物浆液经多次过滤、洗涤、干燥,获得白色粉末状 PAN 聚合物。进行聚合时,以如下实验条件为反应基准:总单体浓度 C_t=22%(wt,质量分数,下同),单体质量比 AN/AM=99/1,引发剂浓度 [APS]=0.8%(占总单体浓度),混合溶剂质量配比 H$_2$O/DMF=50/50,反应温度 T=55℃,反应时间 t=2h。

5.2.3 PAN 聚合物的测试和表征

以称重法测量该混合溶剂沉淀共聚合反应的转化率；以 DMSO 为溶剂，在（30±0.5）℃恒温水浴中利用乌氏黏度计和"一点法"公式测定 PAN 聚合物的特性黏数 $[\eta]$，由 Mark-Houwink 方程 $[\eta]=2.865\times10^{-4}M_{v}^{0.768}$ 求出黏均分子量（M_{v}）[12]。

通过元素分析仪（Vario Macro cube 型，德国 Elementar 公司）测出 PAN 聚合物的 C、H、N、S 元素含量，并利用差减法计算得 O 元素含量，据此计算共聚物中的 AM 单体含量 [19]；在不掺入 KBr 的条件下，把干燥的粉末状 PAN 聚合物，采用透射模式在傅里叶变换红外光谱仪（FT-IR，Frontier 型，美国 PerkinElmer 公司）上扫描 16 次，扫描范围为 400~4000cm^{-1}；采用广角 X 射线衍射仪（WAXD，X'Pert Pro 型，荷兰 PANalytical 公司）测试不同 PAN 聚合物的 X 射线衍射曲线，测试范围 5℃~50℃，扫描速度 3.6℃/min；采用差示扫描量热分析仪（DSC，8500 型，美国 PerkinElmer 公司）测试不同 PAN 聚合物的 DSC 放热曲线，测试气氛为氮气，温度范围为室温至 400℃，升温速率 10℃/min。

5.2.4 聚合反应因素对 PAN 聚合产物结构与性能的影响

5.2.4.1 不同混合溶剂配比对 AN/AM 共聚合反应的影响

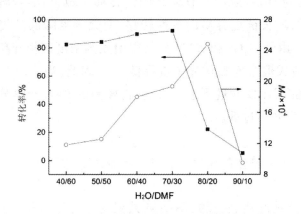

图 5.5　不同混合溶剂配比对 AN/AM 共聚合反应的影响

不同混合溶剂配比对 AN/AM 共聚合反应的影响见图 5.5。由图可知，在 H_2O 含量较高，且其与 DMF 配比处于 40/60 到 90/10 的变化过程中，聚合反应转化率在 H_2O/DMF=70/30 时达到极值。这种变化可能是 AN 在不同质量配比 H_2O/DMF 混合溶剂中的溶解度改变，并且混合溶剂 H_2O/DMF 质量配比为 70/30 是 AN 及其共聚单体溶解度的临界点，因此而导致不同的聚合机理 [8,9]。根据聚合单体和引发剂在 H_2O/DMF 混合溶剂中的溶解性特征，在 H_2O/DMF 的质量比较低时，溶液混合后均匀且不分层，为"单体/引发剂/DMF/H_2O"单一混合相。鉴于 APS 具有较强的水溶性，聚合反应首先在"混合相"中引发，根据混合溶剂配比的改变，"混合相"中首先生成的 PAN 聚合物溶于 DMF 中，使聚合反应在反应初始阶段遵循溶液聚合机理。由于 H_2O 的存在，当 PAN 分子量增至一定程度时，聚合物从"混合相"中析出形成聚合物颗粒相，进而吸附单体和活性中心进行聚合反应。由于 DMF 较高的链转移系数，自由基向溶剂转移的速率增大，这会大大地降低聚合速率，从而使转化率降低。当 H_2O/DMF 质量比较高时，由于共聚单体用量较少，全部共聚单体和部分 AN 单体溶解在溶剂中，聚合体系分为两相：一相是"单体/引发剂/DMF/H_2O"混合相，另一相是多余的 AN 相。同样"混合相"首先生成 PAN 聚合物溶于 DMF 中，而后产物从"混合相"中沉淀析出。"混合相"中 H_2O 含量的增加，变相降低了引发剂浓度，延迟了沉淀引起的自加速过程，从而降低了聚合反应转化率。

同时，随着混合溶剂中 H_2O 用量的减少，黏均分子量逐渐降低主要是由于选用的 DMF 溶剂具有较高的链转移系数，当混合溶剂中 DMF 比例增加时，增长链更容易向溶剂转移，使聚合度降低，即黏均分子量减小。同时，由于 H_2O 含量的减少使得引发剂浓度变相升高，使动力学链长减小，造成聚合物黏均分子量降低 [11]。因此，当采用 DMF/H_2O 混合相时，可在高 H_2O 含量下进行，以获得较高的 PAN 产物分子量，且其聚合反应产率并不过低。

5.2.4.2 不同单体配比对 AN/AM 共聚合反应的影响

对不同单体配比制得的 AN/AM 共聚物进行各元素含量分析，结果见表 5.2，其中 P0 为 PAN 均聚物，P1~P4 为 PAN 共聚物，分别代表喂料时 AM 含量为 1%、2%、4 % 和 10 %。由表 5.2 可见，当 AM 用量由 1%（0.748%，摩尔分数）增大为 2%（1.501%，摩尔分数）时，AN/AM 共聚物中的 AM 链节含量略有增加。当 AM 用量继续增加时，AM 链节含量增加幅度加大，均大于喂料时的 AM 单体用量。这主要是由于 AN 与 AM 进行共聚时，后者共聚活性较大的原因造成的[20]。此外，在 PAN 均聚物（P0 样品）中含有 0.912% 的 O 元素，这主要是由于 AN 在聚合过程中，C≡N 基团易发生部分水解产生含氧基团（-COOH 和 -CONH$_2$）引入的[21]。

表 5.2　不同单体配比 PAN 聚合物的元素含量结果

PAN 聚合物	不同元素含量 /%					喂料中 AM 的摩尔分数	聚合物中 AM 的摩尔分数
	C	N	H	S	O		
P0	66.40	25.53	5.709	0.483	0.912	—	—
P1	66.21	25.41	5.751	0.385	1.474	0.748	5.076
P2	66.18	25.2	5.759	0.362	1.775	1.501	6.163
P3	65.31	25.15	5.771	0.314	2.827	3.017	9.835
P4	64.10	24.71	5.913	0.334	4.275	7.659	15.14

不同单体配比对 AN/AM 共聚产物黏均分子量和转化率的影响见图 5.6。由图 5.2 可见，当聚合单体中 AM 不超过 4% 时，随其用量增大，聚合反应的转化率变化幅度较小，产物黏均分子量升高。当其比例超过 4% 时，该聚合反应的转化率和产物黏均分子量开始降低。由此可见，AM 的加入并没有过多地提高聚合反应的速率，主要是因为 AM 单体较大的分子尺寸使其发生自由基反应时具有明显的空间位阻效应，不利于聚合反应进行，仅使转化率略有提高。而 PAN 产物的黏均分子量则发生较大变化，在 AM 单体用量小于 4% 时，聚合物分子链上的较大共聚单体侧基使产物黏均分子量升高。当 AM 单体用量达到 10% 时，过量的共聚单体阻碍了链增长反应的发生，2h 内的聚合反应转化率下降近 10%，且产物黏均分子量较之前有所降低。这是因为 AM 单体的存在使自由基变得较为稳定，再加上较多共聚单体的空间位阻效应使 AM 单体在其上继续增长较难，在自由基存活期间链上的 AN 或 AM 链节数较少，因而分子量降低。因此，为了获得高转化率，应适当降低聚合单体

中 AM 的用量,同时保证其碳纤维具有较高的碳化收率 [14,18]。

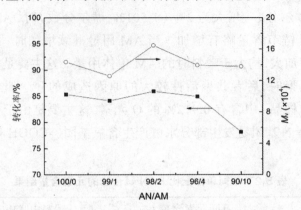

图 5.6   不同单体配比对 AN/AM 共聚合反应的影响

5.2.4.3 不同单体 PAN 聚合物的 FT-IR 分析

P0、P1、P2、P3 和 P4 的 FT-IR 谱图如图 5.7 所示。由图可见,波数为 $2240cm^{-1}$ 的最强吸收峰是 $C \equiv N$ 键的特征吸收峰,在 $2940cm^{-1}$ 附近较强的吸收峰归因于 CH、CH_2 基团中 C-H 键的伸缩振动,这属于 PAN 聚合物典型的官能团特征峰。$1678cm^{-1}$ 处为 C=O 的伸缩振动吸收峰,说明 AM 单体参与了共聚反应,可有效地缓和 PAN 共聚物的预氧化放热反应 [1-2,7]。随着共聚单体 AM 用量增加,AM 单体链节在 PAN 共聚物中的分布也逐渐增多,C=O 的伸缩振动出现明显增强。不同形式 C-H 的变角振动发生在 $1460\sim1440cm^{-1}$,$1370\sim1350cm^{-1}$ 和 $1270\sim1220cm^{-1}$ 区间,其中在 $1250cm^{-1}$ 和 $1230cm^{-1}$ 的吸收峰强度可以用来表征 PAN 聚合物的立构规整度 [21]。

除此之外,在 PAN 均聚物(P0 样品)的 FT-IR 谱图上,明显产生 $1730cm^{-1}$ 和 $1678cm^{-1}$ 对应于 C=O 的伸缩振动吸收峰,这与 P0 聚合物水解产生的 -COOH 和 $-CONH_2$ 基团中存在 O 元素是一致的;并在 $3600\sim3200cm^{-1}$ 之间有很强的吸收,这代表了 OH 基团和水解产生的 N-H 键的伸缩振动,而在低波数 $1627cm^{-1}$ 附近的吸收峰对应于 N-H 键的变形振动。同时,在不同 PAN 共聚物中也有 $1730cm^{-1}$ 对应于因水解而产生 C=O 的红外吸收峰,且其相对强度随 AM 单体用量的增加而降低。

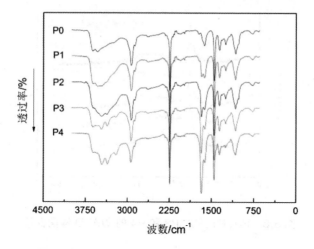

图 5.7　P0、P1、P2、P3 和 P4 的 FT-IR 谱图

5.2.4.4 不同单体 PAN 聚合物的 WAXD 分析

图 5.8 为不同单体配比制备的 AN/AM 共聚物的 WAXD 谱图。由图可见，PAN 聚合物分别在 $2\theta \approx 17°$、$29°$ 产生衍射峰，前者峰形尖锐，强度较高；后者峰形较宽，强度很低。将其对应的主衍射峰衍射角（2θ）及其晶面间距（d）、半高宽（FWHM）、晶粒尺寸（L_c）和结晶度（X_c）的计算结果列入表 5.3 中。从表可见，随着 AM 单体用量的增加，其 d 值基本保持不变，FWHM 先增加后降低造成 L_c 值先减小后增加，X_c 则呈现先增加后减小的趋势。这主要是因为少量 AM 单体引入的 -CONH$_2$ 侧基与极性 -CN 之间产生了协同效应，促进了 PAN 大分子链的有序排列，X_c 值明显升高。当加入更多 AM 单体时，这种协同效应开始减小，并开始破坏晶区中 AN 单元的有序排列，使其无定形区增大，X_c 明显下降。同时，更多 -CONH$_2$ 侧基的引入破坏了极性 -CN 基团之间的作用力，提高了链的活动能力，使更多的 AN 单元进入晶区中，使得 L_c 增加 [19,20]。

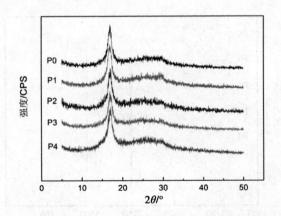

图 5.8　P0、P1、P2、P3 和 P4 的 WAXD 谱图曲线

表 5.3　P0、P1、P2、P3 和 P4 的 WAXD 结果

样品	$2\theta/(°)$	FWHM/(°)	d/nm	L_c/nm	X_c/%
Homo-PAN	16.95	0.96120	0.523	8.271	47.9
PI-1	16.89	1.09366	0.525	7.269	57.1
PI-2	17.01	1.02008	0.521	7.794	48.0
PI-3	16.92	1.01344	0.524	7.844	45.2
PI-4	17.10	1.01183	0.519	7.859	37.2

5.2.4.5　不同单体 PAN 聚合物的 DSC 分析

不同单体配比制备的 AN/AM 共聚物的 DSC 曲线见图 5.9,将相应的热性能参数放热峰起始温度 T_i、放热峰值温度 T_p、放热峰终止温度 T_e、放热峰宽 ΔT（$\Delta T = T_e - T_i$）、放热量 ΔH 和放热速率 $\Delta H/\Delta T$ 列于表 5.4。

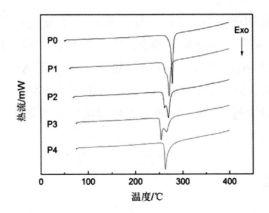

图 5.9　P0、P1、P2、P3 和 P4 的 DSC 曲线图

表 5.4　P0、P1、P2、P3 和 P4 的 DSC 曲线结果

样品	T_i/℃	T_p/℃		T_e/℃	ΔT/℃	ΔH/ （J/g）	$\Delta H/\Delta T$ [J/（g·℃）]
P0	274.83	278.25		281.34	6.51	463.596	71.213
P1	259.17	271.25		275.46	16.29	487.413	29.921
P2	258.07	262.09	269.77	274.83	16.76	493.815	29.464
P3	251.14	254.34	265.37	275.35	24.21	481.967	19.908
P4	260.24	263.13		268.66	8.42	404.705	48.064

　　由图 5.9 和表 5.4 可见，AN/AM 共聚物的 T_i 随 AM 用量的增加先降低而后移向高温。当 AM 用量达到 4% 时，T_i 从 274.83 ℃ 降至最低为 251.14 ℃。这是由于 AM 的引入明显缓和了 PAN 聚合物的放热反应，其热反应历程转变为离子机理，可在较低温度下发生环化反应。当 AM 含量为 10% 时，其 T_i 又升至 260.24 ℃。这主要是由于较多 AM 单体的加入并未明显降低最终 AN/AM 共聚物的聚合产率和分子量，但却明显破坏了其共聚物的规整度，不利于环化反应的发生所致[1-2,4]。同样，AN/AM 共聚物的 T_p 呈现与 T_i 相似的变化规律，并分别在 AM 用量为 2% 和 4% 时，呈现明显的双峰现象。随着 AM 用量的增加，双峰向低温方向移动，且低温峰逐渐明显，而高温峰则逐渐减小。在 AM 用量为 10%，该双峰重新并为单峰，具有明显低于 PAN 均聚物的 T_p 值。吴雪平等[19] 研究发现 AM 的引入改变了 C≡N 的环化反应，即一部分 C≡N 仍以自由基形式在高温峰位发生齐聚反应，而另一部分 C≡N

由于 -CONH 基团的引发作用,在较低的温度下发生离子环化增长,使总放热量增至 493.815J/g 而后降低,这主要是由于较多的 AM 单体起到了明显缓和作用的原因。不过,放热速率一直随 AM 用量先降低而后升高,这说明 AM 单体的引入确实起到了缓和 PAN 共聚物放热峰的作用,但 AM 用量超过 10% 时却不能起到明显的缓和作用,主要是由于 T_i 较高的原因造成的。

5.2.5 小结

以单一的水溶性无机铵盐 APS 为引发剂,在高 H_2O 含量条件下,采用混合溶剂沉淀聚合工艺制备了高分子量的 PAN 聚合物。根据本实验结果,得出了以下结论:

(1)随着混合溶剂中 H_2O 的降低,转化率先增加后减少,聚合物黏均分子量则逐渐减小;当聚合反应中 AM 单体用量达到 10% 时,产物分子量较 4% 时有所降低,转化率降低幅度较大。

(2)随着共聚单体 AM 用量的增加,PAN 产物的 O 元素含量增大,共聚物中 AM 单元的含量增加;在 PAN 聚合物的 FT-IR 谱图中 1678cm⁻¹ 附近代表 C=O 基团的伸缩振动峰强度增强。

(3)AM 单体的引入缓和了 PAN 聚合物的放热反应,其 T_i 和 $\Delta H/\Delta T$ 呈现降低趋势,但在 AM 用量为 10% 时,则出现明显增大。

(4)随着 AM 单体用量的增加,L_c 呈先降低后增加的趋势,而 X_c 则呈相反的变化趋势。

5.3 偶氮二异丁脒盐酸盐引发制备 AN/AM/IA 共聚物

碳纤维在我国国民生活和航空航天领域具有极高的应用前景,而要得到高质量的碳纤维,需对制备碳纤维的常用前驱体聚丙烯腈(PAN)有较为严格的要求 [1,2,18]。目前工业生产中合成 PAN 的方法很多,常用的聚合工艺主要有均相溶液聚合和水相沉淀聚合两种[1,2,22]。其中,水相沉淀聚合采用水作为反应介质,可以减少向溶剂的链转移反应,有利于制备高分子量的 PAN 聚合物。此外,另两种水相聚合体系,即水相悬浮聚合和混合溶剂沉淀聚合,其反应介质全部(或部分)由水组成,也是制备高分子量 PAN 聚合物的重要途径。关于这两种合成方法的报道也较多,并且混合溶剂沉淀聚合法兼具其他 3 种合成方法的优点,具有尤为重要的研究意义[7,9,10,23]。另外,各反应因素对合成高品质 PAN 共聚物的影响程度又不尽相同,故探究各因素对 PAN 聚合工艺的影响规律,确定最佳制备工艺条件,对工业合成高质量的 PAN 具有很大的现实意义。

在丙烯腈(AN)的混合溶剂沉淀聚合工艺方面,部分学者进行研究时均采用单一油溶性偶氮二异丁腈(AIBN)为引发剂,合成了具有高转化率和分子量的 PAN 共聚物,而关于单一水溶性引发剂的研究却较少[24-27]。本课题组依据正交试验方案,采用偶氮二异丁脒盐酸盐(V50)为聚合反应引发剂,以丙烯酰胺(AM)、衣康酸(IA)为共聚单体,在水 / 二甲基亚砜(H$_2$O/DMSO)混合溶剂中,合成了具有不同高分子量的 PAN 共聚物。根据正交试验结果,分析了控制该聚合反应转化率和聚合产物分子量的影响因素,确定了混合溶剂法进行 AN/AM/IA 三元共聚合的最佳制备条件。同时,利用傅里叶变换红外光谱仪对 PAN 共聚物的化学结构进行了表征。

5.3.1 原材料

(1)丙烯腈(AN):化学纯,郑州派尼化学试剂厂生产。

(2)二甲基亚砜(DMSO):分析纯,天津市大茂化学试剂厂生产。

(3)过硫酸铵(APS):分析纯,洛阳市化学试剂厂生产。

(4)衣康酸(IA):分析纯,天津市光复精细化工研究所生产。

(5)丙烯酰胺(AM):分析纯,天津市光复精细化工研究所生产。

(6)偶氮二异丁脒盐酸盐(V50,纯度98%):进口试剂。

(7)去离子水(H$_2$O),市售纯净水。

5.3.2 混合溶剂沉淀共聚合反应制备 PAN 聚合物

5.3.2.1 PAN 的制备

（1）由于该聚合反应采用混合溶剂法制备 AN 三元共聚物，因此单体浓度 [M]，第二单体 AM 用量 [AM]，引发剂浓度 [V50]，H_2O/DMSO 配比（以混合溶剂中 [H_2O] 表示），反应温度 T 和反应时间 t 都会影响最终 PAN 聚合物的转化率和平均分子量，采用如表 5.5 所示的 6 因素 5 水平正交试验表，其中 [ ] 代表质量浓度。进行聚合反应时，固定第三单体 IA 用量为 1%。

（2）实验步骤：在三口圆底烧瓶中，分别加入一定量的 AN、AM、IA 及引发剂 V50，使之溶解于不同比例的 H_2O/DMSO 混合溶剂中，固定机械搅拌转速为 500r/min，在恒温水浴锅中连续搅拌一段时间，得到白色聚合物淤浆，经抽滤、洗涤、烘干后即可得到 PAN 共聚物产品。

（3）根据建立的正交试验表，获得具体的实验结果，对所得聚合反应的最佳制备条件进行验证实验，从而获得制备高转化率和高分子量 PAN 共聚物的最佳工艺条件。

5.3.2.2 聚合反应转化率和产物黏均分子量的测定

聚合反应转化率 y 采用称重法进行测量；产物黏均分子量利用乌氏黏度计在 30 ± 0.2℃的恒温玻璃水浴中进行测量，根据"一点法"公式和 Mark-Howink 方程计算出黏均分子量 M_v[12]。

5.3.2.3 化学结构表征

将干燥后的 PAN 共聚物颗粒样品研成粉末，经红外光谱仪（FT-IR，Frontier 型，美国 PE 公司）的衰减全反射（ATR）附件扫描 16 次，扫描范围为 650~4000cm^{-1}，得归一化谱图。

5.3.3 正交试验结果分析及验证

在不考虑交互因素条件下,根据"6 因素 5 水平"正交试验表进行 25 次实验,所有聚合反应转化率和聚合物黏均分子量的实验结果,及其所对应的均值和极差见表 5.5。

表 5.5 "6 因素 5 水平"正交试验结果

实验因素	[M] /%	[AM] /%	[V50] /%	[H₂O] /%	$T/°C$	t/h	$y/\%$	$M_\eta/\times 10^4$
实验 1	17	1	0.4	30	55	1.5	72.78	69.91
实验 2	17	2	0.5	40	58	1.75	74.63	56.46
实验 3	17	3	0.6	50	60	2.0	79.80	61.26
实验 4	17	4	0.7	60	62	2.25	80.43	43.88
实验 5	17	5	0.8	70	65	2.5	78.51	32.57
实验 6	20	1	0.5	50	62	2.5	80.70	39.75
实验 7	20	2	0.6	60	65	1.5	79.97	36.73
实验 8	20	3	0.7	70	55	1.75	58.50	53.85
实验 9	20	4	0.8	30	58	2.0	83.70	27.13
实验 10	20	5	0.4	40	60	2.25	80.67	42.38
实验 11	22	1	0.6	70	58	2.25	83.85	59.25
实验 12	22	2	0.7	30	60	2.5	88.42	19.25
实验 13	22	3	0.8	40	62	1.5	86.70	26.20
实验 14	22	4	0.4	50	65	1.75	79.21	43.60
实验 15	22	5	0.5	60	55	2.0	78.36	61.12
实验 16	25	1	0.7	40	65	2.0	85.95	23.39
实验 17	25	2	0.8	50	55	2.25	86.16	42.91
实验 18	25	3	0.4	60	58	2.5	90.83	53.86
实验 19	25	4	0.5	70	60	1.5	68.78	47.43
实验 20	25	5	0.6	30	62	2.0	82.03	26.25
实验 21	27	1	0.8	60	60	1.75	80.43	35.97
实验 22	27	2	0.4	70	62	2.0	76.20	59.53
实验 23	27	3	0.5	30	65	2.25	82.89	19.02

实验因素	[M]/%	[AM]/%	[V50]/%	[H$_2$O]/%	T/℃	t/h	y/%	M/×10^4
实验 24	27	4	0.6	40	55	2.5	88.22	42.18
实验 25	27	5	0.7	50	58	1.5	86.27	40.08
y 均值 1	77.230	80.742	79.938	81.964	76.804	78.900		
y 均值 2	76.708	81.076	77.072	83.234	83.856	73.192		
y 均值 3	83.308	79.744	82.774	82.428	79.620	81.007		
y 均值 4	82.750	80.068	79.914	82.004	81.212	82.800		
y 均值 5	82.802	81.168	83.100	73.168	81.306	85.336		
y 极差	6.600	1.424	6.028	10.066	7.052	12.144		
M_v 均值 1	52.816	45.654	53.856	32.312	53.994	44.670		
M_v 均值 2	39.968	42.976	44.756	38.722	47.356	47.470		
M_v 均值 3	42.484	43.438	45.134	45.520	41.258	43.113		
M_v 均值 4	38.768	40.844	36.090	46.312	39.722	41.488		
M_v 均值 5	39.356	40.480	33.556	50.526	31.062	37.522		
M_v 极差	14.048	5.174	20.300	18.214	22.932	9.948		

从表 5.5 中不同实验因素的极差大小看出，所选范围内的各实验因素对聚合反应转化率影响最明显的因素是 t，其次是 [H$_2$O]、[M]、T 和 [V50]，影响最不明显的因素是 [AM]。根据均值大小分析得出，PAN 产物转化率最高的制备工艺条件为：[M]=22%，[AM]=5%，[V50]=0.8%，[H$_2$O]=40%，T=58℃，t=2.5h，并定义该工艺条件为"工艺 A"。同样，对于分子量的实验结果分析可知，影响黏均分子量最明显的因素为 T，其次是 [V50]、[H$_2$O]、[M] 和 t，影响最不明显的因素是 [AM]。实验得出 PAN 产物黏均分子量最高的制备工艺条件为：[M]=17%，[AM]=1%，[V50]=0.4%，[H$_2$O]=70%，T=55℃，t=1.75h，同时定义该工艺条件为"工艺 B"。此外，从正交试验中确定产物最低黏均分子量的制备工艺条件为：[M]=25%，[AM]=5%，[V50]=0.8%，[H$_2$O]=30%，T=65℃，t=2.5h，

同时定义该工艺条件为"工艺 C"。

对比"工艺 A""工艺 B"和"工艺 C"发现,共聚单体 AM 含量对提高聚合反应转化率和聚合物平均分子量的影响程度较小,影响较大的实验因素是 [H_2O]、T 和 [M]。由于采用水溶性引发剂,当 [M] 不变时,[H_2O] 间接影响了 [V50]。较短的 t 不利于链增长反应的有效发生,进而影响该聚合反应的转化率。因此,为了获得较高的聚合反应转化率,一般需要高的 [M] 和 [V50],略高的 T 和较长的 t,这些反应因素均能有效提高单位时间内活性中心的浓度,从而使聚合反应速率增加,聚合反应转化率提高。由于 V50 的水溶性,"工艺 C"中较高的 T、[V50] 和较低的 [H_2O] 均能有效加快链终止反应进行,从而使动力学链长降低[11]。由此可见,从正交试验中获得的最佳工艺条件与水溶性引发剂制备 PAN 共聚物的自由基聚合机理是一致的。

依据"工艺 A""工艺 B"和"工艺 C"的实验条件,进行 3 组验证性实验,其结果见表 5.6。

表 5.6   不同工艺的实验验证结果

聚合工艺	[M]/%	[AM]/%	[V50]/%	[H_2O]/%	T/℃	t/h	y/%	M_v/ × 10^4
工艺 A	22	5	0.8	40	58	2.50	86.24	28.60
工艺 B	17	1	0.4	70	55	1.75	6.63	32.09
工艺 C	25	5	0.8	30	65	2.50	83.95	10.71

从表 5.6 的数据可以看出,采用"工艺 A"制备 PAN 共聚物的聚合反应转化率,其数值仅比最高聚合反应转化率组(实验 18)低了 4.59%,且该工艺获得的 PAN 聚合产物颜色较黄。而对于"工艺 B",根据自由基聚合机理,虽然其每项实验因素都有利于制备高分子量的 PAN 共聚物,但针对该工艺而言,仅在实验进行到 1.5h 后聚合体系才开始出现乳白色产物,造成该实验转化率较低,导致该 PAN 共聚物的分子链链长不足以增至最长。而 6.63% 的聚合反应转化率仍使该工艺的 PAN 产物具有高达 32.09 × 10^4 的黏均分子量,表明"工艺 B"具有制备高分子量 PAN 共聚物的潜力。"工艺 C"与"工艺 B"对比,前 5 个实验因素均与"工艺 B"取值大小相反,仅制得具有 10.71 × 10^4 的低分子量 PAN 产物,且低于上述 25 组实验数据中的最低分子量组(实验 23,其值为

19.02×10^4）。这同样与自由基动力学机理是一致的[11]。

为了便于对比,固定 $t=2h$,在"工艺 A"和"工艺 B"的基础上进行改进,具体工艺参数见表5.3。"工艺 A-1"相对于"工艺 A"改变了实验因素 [AM] 和 [V50],且两因素是影响转化率显著性最弱和次弱的实验因素,均对应于"第二大均值"。"工艺 B-1"相对于"工艺 B"改变了影响产物分子量的第四显著性因素的实验因素 [M],同样对应于"第二大均值"。同时,采用"工艺 D"作为综合改进方案进行对比。上述 3 个工艺的具体实验结果见表5.7。

表 5.7　基于表 5.6 的改进实验方案

聚合工艺	[M]/%	[AM]/%	[V50]/%	[H$_2$O]/%	T/℃	t/h	y/%	M_η/ $\times 10^4$
工艺 A-1	22	2	0.6	40	58	2	90.18	39.49
工艺 B-1	22	1	0.4	70	55	2	52.12	97.66
工艺 D	22	1	0.5	70	60	2	83.97	63.40

从表5.7可知,改变了两个实验因素的"工艺 A-1",在 t 略短的条件下,仍取得了高的聚合反应转化率,基本接近实验18获得的最大转化率,其分子量由于 [V50] 的降低而提高。改变了不利于聚合反应进行的实验因素 [M] 的"工艺 B-1",其聚合反应转化率和产物分子量均获得大幅度提高,尤其是产物分子量超过了上述 25 次正交试验的最大值。而综合改进方案"工艺 D"的实验结果处于上述改进工艺之间,较好地协调了聚合反应转化率和产物分子量之间的关系。

5.3.4 六种 PAN 共聚物的 FT-IR 分析

对"工艺 A""工艺 A-1""工艺 B""工艺 B-1""工艺 C"和"工艺 D"制备的六种 PAN 共聚物（PAN-A、PAN-B、PAN-C、PAN-A1、PAN-B1、PAN-D）以及在相似实验条件下（[M]=22%, [AM+IA]=0%, [V50]=0.5%, [H$_2$O]=50%, T=60℃, t=2h）制备的 PAN 均聚物（Homo-PAN）进行 FT-IR 测试,结果见图5.10。

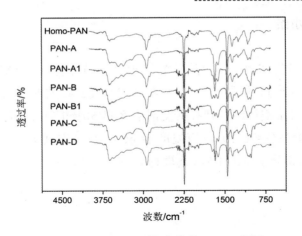

图5.10　不同PAN聚合物的FT-IR谱图

由图5.10可知,2940cm^{-1}和2870cm^{-1}左右的吸收峰归因于CH,CH$_2$中的C-H的伸缩振动[28];2240cm^{-1}附近的吸收峰归因于-CN的伸缩振动,说明AN单元在共聚物中呈长链连续性存在[7];1375cm^{-1}和1083cm^{-1}附近的吸收峰是由于C-H单键的面内弯曲振动引起的;500~1000cm^{-1}范围内的特征吸收峰主要归因于C-H单键的面外弯曲振动。1730cm^{-1}和1680cm^{-1}的特征吸收峰是由于C=O的伸缩振动引起的,前者对应于-COOH基团中C=O的伸缩振动,后者对应于-CONH基团中C=O的伸缩振动[29]。可以看出,单体AM和IA与AN单体发生了共聚反应[18-19]。对比6种不同工艺制备的PAN共聚物,由于固定了IA单体的用量,1730cm^{-1}对应C=O的吸收峰强度变化不明显;而AM单体用量的变化使得1680cm^{-1}对应C=O的吸收峰强度变化较为明显,尤其以PAN-A、PAN-A1和PAN-C这3种共聚物的吸收峰强度最强,主要是由于其喂料时AM单体含量较多引起的,这充分说明三元共聚合的复杂性。但是,1627cm^{-1}明显存在于7种不同的PAN聚合物中,以及1730cm^{-1}和1680cm^{-1}两个波数对应的C=O较弱的吸收峰也明显存在于Homo-PAN聚合物中,主要是由于AN在聚合反应中,-CN易发生水解生成含C=O的-COOH和-CONH基团[15,20]。随着各单体配比的变化,其对应特征吸收峰谱峰的位置基本不发生变化。

5.3.5 小结

综上所述,采用混合溶剂沉淀聚合工艺,对 AN/AM/IA 进行三元共聚合的改进方案为:单体浓度 [M]=22%,共聚合反应单体中 [AN]=98%、[AM]=[IA]=1%,引发剂浓度 [V50]=0.5%,混合溶剂质量配比为 H_2O/DMSO=70/30,反应温度 T=60℃,反应时间 t=2h,可制得具有高转化率和高分子量的 PAN 共聚物。

参考文献

[1] Gupta A K, Paliwal D K, Bajaj P. Acrylic precursors for carbon fibers[J]. Journal of Macromolecular Science-Reviews in Macromolecular Chemistry and Physics, 1991, c31(1): 1-89.

[2] Sen K, Bahrami S H, Bajaj P. High-performance acrylic fibers[J]. Journal of Macromolecular Science-Reviews in Macromolecular Chemistry and Physics, 1996, c36(1): 1-76.

[3] Masson J C. 腈纶生产工艺及应用 [M]. 北京:中国纺织出版社, 2004.

[4] Bajaj P, Sen K, Bahrami S H. Solution polymerization of acrylonitrile with vinyl acids in dimethylformamide[J]. Journal of Applied Polymer Science, 1996, 59: 1539-1550.

[5] Zhao Y Q, Wang C G, Wang Y X, et al. Aqueous deposited copolymerization of acrylonitrile and itaconic acid[J]. Journal of Applied Polymer Science, 2009, 111: 3163-3169.

[6] 张旺玺,李木森,徐忠波,等. 丙烯腈与衣康酸在 DMSO/H_2O 中的聚合及聚合物性能表征 [J]. 高分子学报, 2003(1): 83-87.

[7] Moghadam S S, Bahrami H S. Copolymerization of acrylonitrile-acrylic acid in DMF-water mixture[J]. Iranian Polymer

Journal，2005，14（12）：1032-1041.

[8] Bajaj P，Sreekumar T V，Sen K. Effect of reaction medium on radical coplymerization of acrylonitrile with vinyl acids[J]. Journal of Applied Polymer Science，2001，79：1640-1652.

[9] 王艳芝，孙春峰，王成国，等 . 混合溶剂法合成高分子量聚丙烯腈 [J]. 山东大学学报（工学版），2003，33（4）：362-366.

[10] Chen H，Liu J S，Liang Y，et al. Copolymerization of acrylonitrile with methyl vinyl ketone[J].Journal of Applied Polymer Science，2006，99：1940-1944.

[11] 潘祖仁 . 高分子化学 [M]. 北京：化学工业出版社，2011.

[12] 张兴英，李齐方 . 高分子科学实验 [M]. 北京：化学工业出版社，2004.

[13] Zhao Y Q，Wang C G，Yu M J，et al. Study on monomer reactivity ratios of acrylonitrile/itaconic acid in aqueous deposited copolymerization system initiated by ammonium persulfate[J]. Journal of Polymer Research，2009，16：437-442.

[14] 贺福 . 碳纤维及其应用技术 [M]. 北京：化学工业出版社，2004.

[15] Bajaj P，Paliwal D K，Gupta A K. Acrylonitrile-acrylic acids copolymers：Ⅰ. Synthesis and characterization[J]. Journal of Applied Polymer Science，1993，49：823-833.

[16] Bajaj P，Padmanaban M. Copolymerization of acrylonitrile with 3-chloro，2-hydroxy-propyl acrylate and methacrylate[J]. Journal of Polymer Science：Polymer Chemistry Edition，1983，21（8）：2261-2270.

[17] Deng S B，Bai R B，Chen J P. Behaviors and mechanisms of copper adsorption on hydrolyzed polyacrylonitrile fibers[J]. Journal of Colloid and Interface Science，2003，260：265-272.

[18] 王成国，朱波 . 聚丙烯腈基碳纤维 [M]. 北京：科学出版社，2010.

[19] 吴雪平，杨永岗，凌立成，等 . 丙烯腈 - 丙烯酰胺溶液共聚合及其产物热性能研究 [J]. 新型炭材料，2003，18（3）：196-202.

[20] 于宽，朱波，王永伟，等．水相沉淀法制备丙烯腈 - 丙烯酰胺共聚物及其结构研究 [J]．功能材料，2012，43（18）：88-91．

[21] Minagawa M，Miyano K，Takahashi M，et al. Infrared characteristic absorption bands of highly isotactic poly（acrylonitrile）[J]. Macromolecules，1988，21：2387-2391.

[22] 赵亚奇，杜玲枝，张俊超，等．非均相聚合工艺制备高分子量聚丙烯腈的研究进展 [J]．化工新型材料，2013，41（1）：22-24．

[23] 陈厚，张旺玺，王成国，等．悬浮与溶液聚合法合成丙烯腈共聚物的对比 [J]．合成纤维，2002，31（3）：10-13．

[24] Chen H，Qu R J，Ji C N，et al. Copolymerization kinetics of acrylonitrile with amino ethyl-2-methyl propenoate in H_2O/DMSO mixture[J]. Journal of Applied Polymer Science，2006，101：2095-2100.

[25] Tsai J S，Lin C H. Effect of comonomer composition on the properties of polyacrylonitrile precursor and resulting carbon fiber[J]. Journal of Applied Polymer Science，1991，43：679-685.

[26] Tsai J S，Lin C H. The effect of the side chain of acrylate comonomers on the orientation，pore-size，and properties of polyacrylonitrile precursor and resulting carbon fiber[J]. Journal of Applied Polymer Science，1991，42：3039-3044.

[27] 张旺玺，李木森，徐忠波，等．丙烯腈与衣康酸在 DMSO/H_2O 中的聚合及聚合物性能表征 [J]．高分子学报，2003（1）：83-87．

[28] Mathaklya I，Vanganl V，Rakshit A K. Terpolymerization of acrylamide，acrylic acid，and acrylonitrile：Synthesis and properties[J]. Journal of Applied Polymer Science，1998，69：217-228.

[29] 杨万泰．聚合物材料表征与测试 [M]．北京：中国轻工业出版社，2008．

第 6 章

非均相反向原子转移活性自由基聚合制备 PAN 聚合物

6.1 引 言

PAN 纤维是生产碳纤维重要的前驱体之一，PAN 原丝的质量问题是制约我国碳纤维工业发展的"瓶颈"[1-4]。优质 PAN 原丝是公认的生产高性能碳纤维的基础，制备高质量的 PAN 原丝，最重要的是高品质的 PAN 聚合物和先进的纺丝技术及设备，二者缺一不可。而高品质的 PAN 聚合物必须具备如下特点：高纯度、高分子量及合适的分子量分布、少的分子结构缺陷、理想的共聚单体及含量[3-7]。为了生产高性能的碳纤维，需要高性能的 PAN 原丝，而采用高品质的 PAN 进行纺丝是生产高性能 PAN 原丝的最有效途径。与均相溶液聚合体系相比，水相聚合体系全部或部分采用链转移系数为 0 的水作为反应介质，可以避免 AN 活性链向溶剂的链转移反应，有利于提高 PAN 聚合物的分子量和聚合反应的转化率，并减少大分子链的支化[8-10]。传统的水相聚合体系多采用含有碱金属离子的复合型氧化还原体系，在聚合时容易引入碱金属离子，不利于提高最终碳纤维的力学性能[11-13]。目前，关于采用不含碱金属离子的引发剂，如过硫酸铵（APS）、偶氮二异丁脒盐酸盐（V50）等水溶性引发剂，以及含水相体系进行 AN 共聚合的研究，主要应用在高分子量 PAN 聚合物的制备方面。采用含水相聚合反应体系，虽然不存在向溶剂的链转移反应，但获得的 PAN 聚合物分子量过高，造成配制的纺丝溶液黏度较高，也会对纺丝过程造成影响[10,14-16]。因此，仍需加入分子量调节剂，进行分子量的控制。

同时，对于含水相聚合反应体系而言，大多数研究学者[7-9,17-20]主要的关注点在于如何控制产物的相对分子量，对于产物的分子量分布的研究较少，这主要是由于较为明显的自加速现象使其无法有效控制聚合反应进程，以及聚合物链段序列和分子量的多分散性，因而具有很大的局限性。采用传统自由基聚合工艺制得聚合产物的分子量及分布与反应条件密切相关,或多或少引入的添加剂也不利于控制 PAN 产物的分子量分布,进而会影响纺丝原液的流动性、可纺性和纤维性能。通过传统的自由基聚合并不能得到相对分子量高且其分布可控的 PAN 聚合物,而可控/"活性"自由基聚合的问世提供了控制聚合物微结构和相对分子量的手段,因而得到了广泛应用[21]。

鉴于此,本研究分别在混合溶剂和纯水相反应体系中,引入过渡金属卤化物 $FeCl_3$ 作为催化剂,采用有机物作为配体,主要是水溶性有机酸如丁二酸、柠檬酸等作为配体,进行丙烯腈(AN)与衣康酸(IA)的共聚合反应[22-27]。这种引入 $FeCl_3$ 和有机酸配体的聚合反应过程呈现明显的非均相聚合特征,同时又基于传统的反向原子转移活性自由基聚合(Reverse Atom Transfer Radical Polymerization,RATRP)工艺,称这种聚合体系为非均相 RATRP 工艺,旨在控制 PAN 聚合产物平均分子量,同时降低聚合物的分子量分布,以制备出高品质的 PAN 聚合物。

6.2 非均相 RATRP 工艺制备 PAN 聚合物

6.2.1 原材料

表 6.1 实验药品

药品名	规格	来源
丙烯腈(AN)	分析纯	国药集团化学药剂有限公司
衣康酸(IA)	分析纯	天津市光复精细化工研究所
丙烯酸甲酯(MA)	分析纯	天津市光复精细化工研究所
丙烯酰胺(AM)	分析纯	天津市光复精细化工研究所
二甲基亚砜(DMSO)	分析纯	国药集团化学药剂有限公司
N-N 二甲基甲酰胺(DMF)	分析纯	国药集团化学药剂有限公司
偶氮二异丁基脒盐酸盐(V50)	≥98%	百灵威化学试剂有限公司

药品名	规格	来源
过硫酸铵（APS）	分析纯	洛阳市化学试剂厂、郑州派尼化学试剂厂
无水氯化铁	分析纯	国药集团化学药剂有限公司
丁二酸	分析纯	天津市永大化学试剂有限公司
十二烷基硫酸钠（SDS）	分析纯	上海麦克林生化科技有限公司
吐温 80（Tween 80）	分析纯	上海麦克林生化科技有限公司
聚乙烯醇 1797 型（PVA 97）	分析纯	上海麦克林生化科技有限公司
无水氯化铁	分析纯	上海麦克林生化科技有限公司
柠檬酸	分析纯	天津市光复科技发展有限公司
去离子水	—	自制

6.2.2 实验测试设备

表 6.2　实验仪器

仪器名称	型号规格	生产厂家
乌氏黏度计	0.66mm	上海良晶玻璃仪器厂
精密黏度恒温水浴	VT2	杭州中旺科技有限公司
傅立叶红外光谱仪（FTIR）	Frontier	Perkin Elmer
差示扫描热分析仪（DSC）	DSC 8500	Perkin Elmer
热重 / 差热一体机	TGA/DSC 1	瑞士梅特勒托利公司
元素分析仪（EA）	Vario Macro	Elementar
凝胶色谱仪（GPC）	Waters1515	Waters

6.2.3 实验步骤

混合溶剂沉淀聚合工艺：在 250mL 四口烧瓶中,加入一定比例的催化剂 / 配体（$FeCl_3$/ 丁二酸、柠檬酸）,一定配比的水和溶剂 DMSO 或 DMF 混合均匀,充入氮气保护,设定温度 25℃,搅拌速度为 300r/min 进行络合反应。反应一段时间后升温 50℃ ~70℃,加入引发剂 V50,以一定速率滴加经过处理后的单体 AN 和共聚单体(MA、IA),滴加完毕反应 1~2h 后得到白色淤泥,用去离子水真空抽滤洗涤数次,除去未反应的单体和溶剂,于 60℃ 烘箱内干燥至恒重,得到白色固体颗粒或者粉末状的 PAN,研磨后称重装袋。图 6.1 为基于混合溶剂沉淀法制备 PAN 合成工艺示意图。

机械搅拌 (N₂)   烘干研磨   称重装袋

图 6.1　混合溶剂沉淀法制备 PAN 合成工艺示意图

乳液聚合工艺:在 250mL 四口烧瓶中,加入适量乳化剂(SDS、Brij 35、Tweem 80/PVA 97)和去离子水,其中 SDS、Brij 35、Tween 80 均可在 30℃ 室温下溶解,而充当非离子乳化剂的 PVA97 需在 90℃ 以上才可溶解,因此先将 PVA 97 溶解之后降至室温后再加入其他乳化剂进行溶解。按照一定的比例配制 RATRP 配体($FeCl_3$/ 柠檬酸),加入一定量水后在 30℃ 条件下进行搅拌使其进行络合反应。待乳化剂溶解完毕之后,加入引发剂 APS、RATRP 配体和共聚单体 IA,并在 30℃ 恒温水浴锅中进行恒速预乳化,30min 之后开始滴加单体 AN 并随之升高温度到 60℃,滴加时间控制在 30~50min 以内,滴加完毕后反应 1h 以上会得到白色的粉末状物质,加入去离子水和 NaCl 之后在 750r/min 的磁力搅拌器上搅拌 24h 之后,再用去离子水抽滤洗涤数次,将未反应的单体、溶剂、RATRP 配体、NaCl 等除去,然后将其置于 60℃ 下烘干至恒重,最后获得白色粉末状 PAN 聚合物,粉碎后装袋存放。图 6.2 为乳液聚合法制备 PAN 合成工艺示意图。

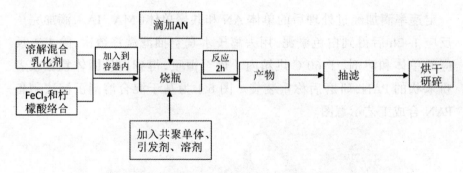

图 6.2　乳液聚合法制备 PAN 合成工艺示意图

6.2.4 PAN 的测试与表征

6.2.4.1 转化率的测定

由于水的存在,上述两种聚合体系均为非均相体系,采用称重法进行单体转化率的测定。反应前总的聚合体系为 m_0,单体的浓度为 C_0,称其烘干至恒重的聚丙烯腈 PAN 的重量为 m,根据公式(6-2-1)计算出聚合反应体系的转化率。

$$Conbersion(\%) = \frac{m}{m_0 + C_0} \times 100\%$$ （6-2-1）

6.2.4.2 PAN 聚合物的黏均分子量 Mv

（1）乌氏黏度计的选择。本次实验测定所用的黏度计为乌氏黏度计,要求纯溶剂 DMSO 流出的时间 $t_0 > 100s$,故选用的乌氏黏度计毛细管的直径为 0.66mm。

（2）待测 PAN 溶液的配制。

①混合溶剂制备聚丙烯腈的待测液配制。称取 0.02~0.025g 烘干后的 PAN 粉末溶于 25mL 的纯溶剂 DMSO 中,搅拌溶解 20h 制得 DMSO/PAN 混合均匀待测液用于测定分子量。

②少水混合溶剂制备聚丙烯腈的待测液配制。称取 0.01~0.015g 烘干后的 PAN 薄膜溶于 25mL 的纯溶剂 DMSO 中,搅拌溶解 24h 制得

DMSO/PAN 混合均匀的待测液用于测定分子量。

（3）黏均分子量的测定。

用纯溶剂 DMSO 将乌氏黏度计润洗三次,乌氏黏度计形状如图 2.3 所示,A：宽管、B：主管、C：侧管、D：储器、L：毛细管。清洗完毕后将纯 DMSO 倒入乌氏黏度计,溶液体积大概在球 D 的 2/3 处,竖直放入 $30 \pm 0.5^\circ\text{C}$ 恒温水浴槽中,稳定 15min,用洗耳球将溶液吸到刻度线 a 上部小球一半处,测出其流出时间为 t_0,即刻度 a 流到 b 的时间,一组测试三次,每次误差不超过 0.2s,算出其平均值。接着用 PAN 待测液润洗 2~3 次,清洗结束后放入恒温水浴槽重复刚才操作,测出其流出时间为 t,测试三次求取平均值。

（4）数据处理。

根据相对黏度：特征黏度：$[\eta]=[2 \times \eta_{sp}|\ln|\eta_r|]/C$,（C 的单位为 g/dL）,算出特征黏度,再根据 Mark-Houwink 非线性方程公式：$[\eta]=K M_v^a$,K 和 a 是常数,根据高分子实验手册查得在 30°C 时,$K=2.865 \times 10^{-4}$,$a=0.768$,将常数代入公式可求得黏均分子量。

6.2.4.3 分子量分布的测定

采用 Waters 1515 型凝胶色谱仪测定 PAN 聚合物分子量分布,流动相为色谱纯 DMF,进料量 $100\mu\text{L}$,温度 65°C,流量为 1mL/min,标样为聚苯乙烯。

6.2.4.4 傅里叶变换红外光谱（FTIR）测试

红外光谱仪（Frontier 型）对 PAN 聚合物特征官能团进行表征。将样品完全烘干,采用 ATR 模式进行测试,扫描范围 400~4000cm^{-1},扫描次数为 16 次,测试温度为室温。

6.2.4.5 元素分析（EA）

采用元素分析仪（Vario Macro 型）测定 PAN 聚合物中 C、H、N 和 O 元素的质量含量。

6.2.4.6 差示扫描量热分析(DSC)

采用DSC 8500差示扫描热分析仪对PAN聚合物进行热性能分析。称取不同单体比的聚合物样品3~5mg放入铝坩埚中,放入分析仪样品槽中进行测试。本次实验选择的样品测试的升温速率为10℃/min,起始温度为60℃,截止温度为450℃,整个测试过程在氮气氛围中进行。

6.2.4.7 热重分析(TG)

利用TGA/DSC 1热分析仪在N_2气的保护下对PAN聚合物进行热重分析。检测时称取不同的样品5~8mg放入到陶瓷坩埚中,随后放入到检测仪器中,测试温度范围为50~600℃,升温速率为10℃/min,控制好氮气的通入速率。

6.3 聚合反应因素对 AN/MA 混合溶剂沉淀聚合反应的影响

6.3.1 原料加料方式对 AN/MA 混合溶剂沉淀聚合反应的影响

在PAN原丝的生产工艺流程中,大多数都采用一步法进行自由基聚合,但其分子量分布较宽,采用$FeCl_3$/有机配体作为催化络合体系,改进聚合反应方式,以降低分子量分布。本研究采用以下四种加料方式进行探索:工艺一:将单体、引发剂、催化剂/配体和溶剂直接一步加入进行反应;工艺二:先将引发剂、催化剂/和配体加入溶剂中进行反应,反应一段时间后,加入单体;工艺三:先将引发剂、催化剂/和配体加入溶剂中进行反应,反应一段时间后,用恒压漏斗滴加单体;工艺四:将催化剂/配体进行常温络合反应,反应一段时间后,加入引发剂再用恒压漏洞进行滴加单体。实验控制反应温度为60℃,聚合单体浓度为22wt%,聚合时间为2h,单体配比为 AN:MA=98:2,混合溶剂

DMSO：H_2O=60：40，$FeCl_3$ 和丁二酸催化体系改变加料方式，实验结果如表 6.3 所示。

表 6.3　加料方式对 AN/MA 聚合反应的影响

加料方式	转化率 /%	黏均分子量 /M_V（10^4）	PDI
工艺一	87.0	14.2	3.9
工艺二	88.2	14.9	3.2
工艺三	68.9	18.7	3.1
工艺四	83.9	21.6	2.9

通过对工艺的探索发现，先将催化剂和配体进行络合反应完全后，加入单体和引发剂的效果最佳，在保证转化率达到 80% 的情况下，同时产物分子量达到了 21.6×10^4，且降低了其分子量分布。由表 6.3 可知，在工艺一中，当温度到达反应温度后，溶剂中的引发剂在短时间内产生大量的自由基，与单体发生反应，而催化剂和配体未及时发生络合反应，不能和自由基形成休眠种，从而反应仍为传统的自由基聚合反应[21]。在工艺二、三中，一开始就加入引发剂，络合物可能和引发剂发生反应，无法使络合反应发生完全。而在工艺四中，常温条件下催化剂和配体进行充分的络合反应形成络合物。当达到反应温度加入引发剂后，引发剂的浓度增大，但是催化剂和配体已经完成络合反应，能与自由基产生休眠种，而休眠种能与溶液中低氧化态离子发生活化反应，生成的两种的物质又能继续反应，使反应处在一个可逆的状态下[22-27]。同时，采用滴加的方式可使反应降低反应速率，反应更加温和，减少副反应的产生，产物更加规整，从而降低了分子量分布。

6.3.2 不同共聚单体对 AN/MA 混合溶剂聚合反应的影响

实验控制反应温度为 60℃，聚合单体浓度为 22wt%，聚合时间为 2h，单体配比为 98：2，采用 MA 和 IA，引发剂含量为 0.5wt%，催化 / 络合体系 $FeCl_3$ 和丁二酸比例为 1：2，改变混合溶剂比例，实验结果表 6.4 所示。

表 6.4　不同共聚单体对 AN/MA 聚合反应的影响

单体	转化率	黏均分子量 $/M_V$（10^4）	PDI
MA	83.9	21.6	2.9
IA	72.2	11.4	2.8

由表 6.4 可看出，MA 的转化率和黏均分子量均高于 IA，分子量分布两者相差不大。可能是由于 IA 的侧基体积较大，具有较强的空间位阻作用，位阻效应高于电子效应，对自由基聚合有抑制作用。而在 AN/MA 聚合体系中，电子效应起关键作用而空间位阻效应并不是很明显，较强的电子释放会增加自由基的活性[21]。也可能是因为丁二酸具有酸性，IA 也具有酸性，加入 IA 后，改变了溶液的 pH 值，可能使络合反应发生变化，从而影响聚合反应的速率。因此，MA 的转化率要比 IA 高，故选用 MA 为共聚单体。

6.3.3 不同溶剂对 AN/MA 混合溶剂聚合反应液的影响

本研究采用 DMSO 和 DMF 两种溶剂，实验控制反应温度为 60°C，聚合单体浓度为 22wt%，聚合时间为 2h，单体配比为 AN：MA=98：2，混合溶剂 DMSO：H_2O=60：40，催化 / 络合体系 $FeCl_3$ 和丁二酸比例为 1：2，改变溶剂，进行实验，得表 6.5 实验结果。

表 6.5　不同溶剂对 AN/MA 聚合反应的影响

溶剂	转化率 /%	黏均分子量 $/M_V$（10^4）	PDI
DMSO	83.9	21.6	2.9
DMF	82.8	9.8	2.3

由表 6.5 可看出，由 DMSO/H_2O 混合溶剂聚合得到的 PAN 聚合物的黏均分子量比 DMF/H_2O 混合溶剂聚合得到的 PAN 的黏均分子量高，但两者的转化率相差不大。溶剂 DMSO 和 DMF 的链转移常数不同，在此反应聚合过程中，自由基向链转移系数小的溶剂反应，而当链转移系数越大时，会造成反应体系的反应速率减小，进而造成黏均分子量的降低[28]。溶剂 DMSO 的链转移常数为 7.95×10^{-5}，DMF 的链转移系数为 28×10^{-5}，水的链转移系数为 0，对比可看出，以 DMSO/H_2O 混合溶

剂比 DMF/H_2O 混合溶剂聚合得到的黏均分子量高[4]。

6.3.4 溶剂配比对 AN/MA 混合溶剂沉淀聚合反应的影响

实验控制反应温度为 60℃，聚合单体浓度为 22wt%，聚合时间为 2h，单体配比为 AN：MA=98：2，引发剂含量为 0.5wt%，催化 / 络合体系 $FeCl_3$ 和丁二酸比例为 1：2，改变混合溶剂比例，实验结果如图 6.3 所示。

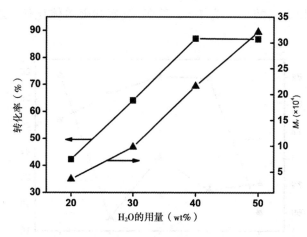

图 6.3 混合溶剂配比对 AN/MA 聚合反应的影响

由图 6.3 可以看出，随着溶剂 DMSO 的减少，H_2O 的增加，聚合物 PAN 的转化率不断地增加，PAN 的黏均分子量也在不断增加。随着 H_2O 的用量增加 PAN 沉淀颗粒浓度也在逐步增加，凝聚过程也增加，导致聚合体系内的黏度也增大，使其沉淀颗粒的内外自由基游离困难，从而会阻碍链终止反应[29]。而在此过程中，沉淀颗粒周围布满 PAN 分子的自由基，AN 迅速和自由基发生反应，所以体系的转化率在不断的上升。单体 AN 在混合溶剂比例不同时，所产生的溶解度也不同，进而会产生不同的聚合反应机理[6,30-33]。DMSO/H_2O 质量比较大时，溶剂 DMSO 含量比较多，单体大多都溶解在混合溶剂中，溶液处于均相状态，故在反应初期，聚合体系遵循溶液聚合反应机理，聚合反应速率变低，从而导致产物的转化率降低；当体系中 H_2O 的质量比增加时，以沉淀聚合为主，会产生明显的自加速现象，从而使反应的转化率提高。因

为 H_2O 的链转移系数比 DMSO 溶剂的小,所以活性增长链向 H_2O 的速率变小,产物 PAN 的聚合度也随着 DMSO 的减小而增大,使得黏均分子量逐渐上升。

6.3.5 共聚单体配比对 AN/MA 混合溶剂沉淀聚合反应的影响

实验控制反应温度为 60℃,聚合单体浓度为 22wt%,聚合时间为 2h,混合溶剂 DMSO:H_2O=60:40,引发剂含量为 0.5wt%,催化/络合体系 $FeCl_3$ 和丁二酸比例为 1:2 不变,改变共聚单体比例,实验结果如图 6.4 所示。

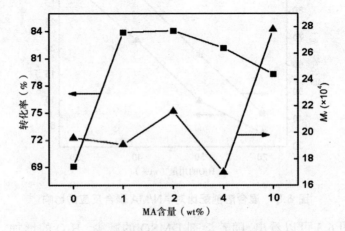

图 6.4　共聚单体含量对 AN/MA 聚合反应的影响

根据图 6.4 可得,随着共聚单体 MA 含量的加大,单体的转化率先增大后下降。黏均分子量的趋势也为先增大后减小,但在 MA 含量过多时突然增大。在共聚单体比例为 98:2 时转化率达到最大值 84.1%。这是因为 MA 的竞聚率要比 AN 的高,当只有 AN 进行均聚反应时,反应速率较慢,转化率没有共聚反应的转化率高[34]。当 MA 的含量低于 2wt% 时,聚合反应中自由基分子链上带有 MA,其活性要比均聚 AN 的自由基活性高,聚合反应活化能降低,反应速率快。但自由基的活性不仅受到电子效应的影响也受到位阻效应的影响,在共聚单体 MA 含量高于 2wt% 时,转化率和黏均分子量均下降是因为,当 MA 含量大时,分子链上含有的 MA 增多,MA 分子体积也大,这时空间位阻效应阻止了分子链的继续增大,导致分子量下降,反应速率降低[21]。当 MA 含量为 10wt%，黏均分子量增大的原因可能为分子链上 MA 含量过多，MA 分子量大，导致其聚合物 PAN 分子量也增大。从后续纺丝来看，当 MA 的含量过低时，预氧化速率变慢，造成预氧化过程不完全。但当含量过高时，在氧化阶段有机物容易挥发，导致纤维表面受损，影响其性能，所以探究合适的含量十分关键[10]。由图 6.4 可知，当 MA 含量在 1~2wt% 时，会得到较高转化率和分子量的聚合物 PAN。当聚合物分子链上引入合适的共聚单体量时，有利于减少预氧化时间，降低生产成本，并提高最终碳纤维的性能。

6.3.6 引发剂含量对 AN/MA 混合溶剂沉淀聚合反应的影响

实验控制反应温度为 60ºC，聚合单体浓度为 22wt%，聚合时间为 2h，单体配比为 AN：MA=98：2，混合溶剂 DMSO：H_2O=60：40，催化/络合体系 $FeCl_3$ 和丁二酸比例为 1：2 不变，改变引发剂含量，实验结果如图 6.5 所示。

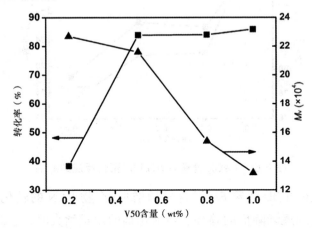

图 6.5　引发剂含量对 AN/MA 聚合反应的影响

由图 6.5 可以看出，随着 V50 浓度的不断增加，转化率逐渐增加，PAN 黏均分子量不断下降。因为随着 V50 浓度的增加，单位时间内产生的自由基也随着增加，导致中心活性浓度增大，所以聚合反应的转化率上升，但随着聚合体系中聚合物 PAN 的形成，AN 的扩散速度受阻导致增长速度变慢。而随着链增长的浓度增大，当链增长浓度增大时伴随着终止速率也增大，链增长反应的时间也变短，最终导致分子链也变短[21]。所以，V50 浓度过高不利于黏均分子量的提高。如果 V50 含量过高，导致聚合反应速度变快，产生的能量相对较大容易造成爆聚，故 V50 含量要控制在一定的范围内。根据实验数据可得出，引发剂 V50 浓度在单体的总量的 0.5~0.7wt% 时，转化率相对较高时产物 PAN 的黏均分子量也较高。

6.3.7 FeCl₃ 含量对 AN/MA 混合溶剂反应的影响

实验控制反应温度为 60°C，聚合单体浓度为 22wt%，聚合时间为 2h，单体配比为 AN：MA=98：2，混合溶剂 DMSO：H₂O=60：40，引发剂含量 0.5wt%，配体丁二酸含量不变，改变催化剂 FeCl₃ 含量。实验结果如图 6.6 所示。

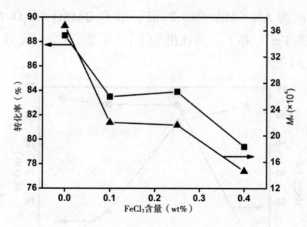

图 6.6　FeCl₃ 含量对 AN/MA 聚合反应的影响

由图 6.6 可知，随着 FeCl₃ 含量的增加，产物 PAN 的转化率和黏均分子量都呈现逐渐降低的趋势。当催化剂的用量增大时，过多的金属离子对反应产生阻聚作用，使得聚合反应速率下降，转化率降低，而过量的金属离子留在 PAN 聚合物，导致产物带有颜色和毒性，对后续的加工处理有很大的影响，因此要选择合适用量的催化剂。当催化剂用量增大时，FeCl₃ 在油相里的浓度也随之增加，进而使得自由基在活性种与休眠种中发生转变，高浓度的自由基会导致反应速率的加快，但也会加速链终止的反应，使得黏均分子量下降。

6.3.8 丁二酸含量对 AN/MA 混合溶剂沉淀聚合反应的影响

实验控制反应温度为 60℃, 聚合单体浓度为 22wt%, 聚合时间为 2h, 单体配比为 AN:MA=98:2, 混合溶剂 DMSO:H$_2$O=60:40, 引发剂含量 0.5wt%, 催化剂 FeCl$_3$ 含量不变, 改变丁二酸含量。实验结果如图 6.7 所示。

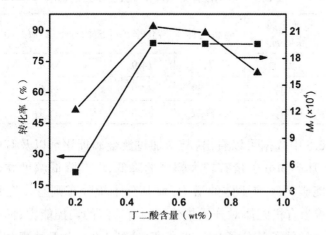

图 6.7 丁二酸含量对 AN/MA 聚合反应的影响

如图 6.7 所示, 随着丁二酸含量的增加, 产物的转化率先增大后保持稳定, 黏均分子量先增大后减小。在此聚合体系中, FeCl$_3$ 和丁二酸两者比对聚合反应有很大的影响, 其中 FeCl$_3$ 和丁二酸的配比为 1:1、1:2、1:3、1:4。当丁二酸含量较少时, 过少的丁二酸不能全部和催化剂 FeCl$_3$ 络合, 从而影响反应的速率。当丁二酸含量过高时, 多余的配体含量会和 FeCl$_3$ 活性中心发生其他的副反应, 从而影响催化活性中心和链增长活性中心之间的可逆反应, 导致 PAN 分子链变短, 黏均分子量下降, 配体的用量过多过少均不利于聚合反应。当比例为 1:2 时, 聚合反应速率较快, 转化率高, 黏均分子量最大, 催化效果最好。

6.3.9 不同配体对 AN/MA 共聚合反应的影响

本研究采用非均相 RATRP 工艺兼具非均相聚合和可控活性聚合的双重优点, 与传统的 RATRP 技术多采用油溶性引发剂不同, 在实验中以单一的水溶性 V50 为聚合反应引发剂, 采用非均相 RATRP 技术进行了 AN 与 MA 的共聚合反应,通过优化工艺参数,成功制备具有较高分子量和低分子量分布的 PAN 二元共聚物,同时避免了碱金属离子对最终 PAN 原丝和碳纤维力学性能的影响。在前期实验中,我们主要针对丁二酸作为和 FeCl₃ 配对的有机配体进行了相关研究。后期我们研究了不同配体选择对 AN 与 MA 共聚合反应的影响结果,如表 6.6 所示。

表 6.6   不同配体对 AN/MA 聚合反应的影响

序号	过渡金属催化剂	有机配体	转化率/%	黏均分子量/M_{r}(10^4)	PDI
1	无	无	74.9	38.4	3.7
2	FeCl₃	丁二酸	83.9	21.6	2.9
3	FeCl₃	柠檬酸	88.8	25.4	1.8

从表 6.6 中数据可以看出,与未加过渡金属催化剂以及有机配体的体系相比,其产物分子量有较大幅度的降低,但其降低幅度并未影响其成为高性能碳纤维前驱体的潜力,而其分子量分布则有一定程度的降低。丁二酸为有机配体对分子量分布的有一定的调控能力,而柠檬酸则较大幅度地降低了其分子量分布宽度,达到 1.8。由于过渡金属催化剂和有机配体的引入,相对于未加体系,采用了滴加单体的聚合工艺,其转化率略有提高。由此可见,过渡金属催化剂和有机配体的引入确实能够起到降低 PAN 共聚物分子量分布的作用,而产物分子量的调控能力相当,均在适宜于 PAN 共聚物纺丝的可控范围之内。

6.3.10 混合溶剂沉淀法产物 PAN 的表征

6.3.10.1 元素分析(EA)

采用混合沉淀聚合方法,改变单体含量制备不同的 PAN 聚合物,其碳(C)、氮(N)、氢(H)、氧(O)的含量变化,如图 6.8 所示。O 元素主要由共聚单体 MA 引入,由图可看出,随着 MA 的含量增加,O 元素的含量逐渐增加,这表明 PAN 分子链中 MA 含量增加,当 MA 用量为由 1wt% 增大为 2wt% 时,AN/MA 共聚物中的 MA 链节含量略有增加。当 MA 用量继续增加时，MA 链节含量增加幅度变大，由图可看出增大到 10wt% 时幅度最为明显。这主要是因为 AN 与 MA 进行共聚时，后者共聚活性较大。此外，在 PAN 均聚物也含有 O 元素，是因为 AN 在聚合过程中，C≡N 基团易发生部分水解产生含氧基团（–COOH 和 –CONH）产生的。

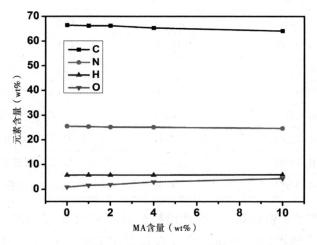

图 6.8　不同单体配比 PAN 聚合物的元素分析结果

6.3.10.2 傅里叶变换红外光谱（FTIR）测试

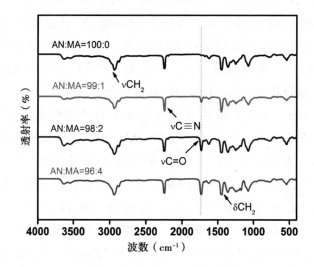

图 6.9　不同含量共聚单体 PAN 聚合物的 FTIR 图谱

如图 6.9 为不同 MA 含量 PAN 的 FTIR 图。以 AN/MA=100：0、99：1、98：2、96：4 四组数据为代表进行的制样作图分析。图 6.9 中的 ν 代表基团的伸缩振动、δ 代表基团的弯曲振动,结合表 6.7 进行结构分析。

表 6.7　红外光谱特征吸收峰

波数 /cm⁻¹	基团	备注
3600~3200	O-H、N-H	O-H、N-H 的伸缩振动
2980~2800	CH₂、C-H	CH₂、C-H 的伸缩振动
2260~2240	C≡N	C≡N 的伸缩振动
1730	C=O	C=O 的伸缩振动
1650~1500	C=N	C=N 伸缩振动
1464~1250	C-H	C-H 不同形式的振动吸收
1250~1140	C-C	C-C 骨架的振动吸收
950~900	O-H	O-H 的弯曲振动(面外)

结合图 6.9 和表 6.7 红外光谱特征吸收峰可知,在 3200~3700cm⁻¹ 的振动吸收峰可归因于在反应聚合过程中 C≡N 发生水解而产生的羟基(-OH)的伸缩振动和水解产生的游离基团和其他基团缔合形成的 -OH 的伸缩振动,另外还有在 C≡N 基团发生水解产生的 C=NH 中 NH 基团在高波数区域的伸缩振动峰以及倍频吸收峰。在 2940cm⁻¹ 和 2870cm⁻¹ 这两个峰值位置附近的吸收峰归因于亚甲基(-CH₂)基团的伸缩振动,在高波数段位为非对称伸缩振动,低波数段位为对称伸缩振动[33]。在峰位置 2240cm⁻¹ 处代表 C≡N 基团伸缩振动峰的特征吸收峰最为明显,强度最强,这是 PAN 聚合物的主要官能团之一,表明 AN 链节在聚合物 PAN 分子链中以连续状态存在[35-38]。

在 1735cm⁻¹ 左右的吸收峰是因为 MA 分子中酯基的 C=O 伸缩振动,对应吸收峰强度的不断增大证明 PAN 聚合物中 MA 链节含量不断增大,即 MA 参与了聚合反应,和上述元素分析的结果一致,表明 C=O 是另一个主要的官能团。而均聚物 PAN 在此处有微弱的 C=O 伸缩振动是因为 C≡N 水解产生 C=O 引起的。在 1450cm⁻¹ 左右出现吸收峰代表的为 -CH₂ 的弯曲振动。在 1470~1420cm⁻¹、1350~1370cm⁻¹、1270~1220cm⁻¹ 的波数范围内产生的吸收峰是由不同的 -CH 基团弯曲振动造成的[38]。波数 1045cm⁻¹ 左右的是由于 -CH₂ 基团、C-CN 的混合弯曲振动和 C-C 骨架的振动。在峰值 500cm⁻¹ 附近的红外吸收峰是由于 C-CN 基团的伸缩振动。从图中也可以看出除了波数位置 1735cm⁻¹ 处的峰值强度由于 MA 含量的增加也增强,其他位置的基团峰强度基本一致,说明不同比例的聚合物 PAN 的整体结构相差无几。

6.3.10.3 差示扫描量热分析（DSC）

如图 6.10 为不同 MA 含量 PAN 的 FTIR 图。以 AN/MA=100∶0、99∶1、98∶2、96∶4 四组数据为代表进行的制样作图分析,图中 Exo 代表放热反应。测试温度范围为 10~450℃,升温速率为 5℃/min。将不同反应条件所制备的 PAN 聚合物的 DSC 特征放热峰的起始温度（T_0）、峰值温度（T_1）、终止温度（T_2）、放热速率（$\Delta H/\Delta T$）、放热峰宽（ΔT∶$=T_2-T_0$）、放热量（ΔH）列入表 6.8 中。

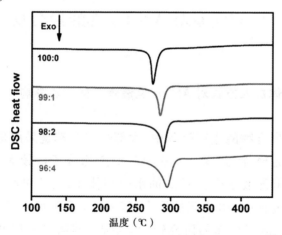

图 6.10　不同单体配比 PAN 聚合物的 DSC 升温曲线

表 6.8　不同单体配比 PAN 聚合物的 DSC 升温曲线参数

组号	T_0/℃	T_1/℃	T_2/℃	ΔT/℃	ΔH（J/g）	$\Delta H/\Delta$（J/(g·℃)）
100∶0	260.1	274.1	294.3	34.2	327.7	34.2
99∶1	258.3	284.6	301.4	43.3	392.3	43.3
98∶2	255.2	289.0	305.6	50.4	374.2	50.4
96∶4	248.5	297.8	311.2	62.7	457.6	62.7

注:T_0 为起始温度;T_1 为峰值温度;T_2 为终止温度;ΔT 为放热峰宽,$\Delta T=T_2-T_0$;ΔH 为放热量;$\Delta H/\Delta T$ 为放热速率。

从图 6.10 和表 6.8 可以看出，均聚 PAN 放热峰较尖锐，说明均聚 PAN 放热过于集中，反应剧烈，容易造成分子链断裂影响纺丝。当加入共聚物 MA 后，与均聚物相比，起始温度均有所降低，因为加入第二共聚单体可改变大分子链之间的分子间作用力，进而降低了预氧化反应活化能。加入共聚单体 MA 对 PAN 聚合物进行化学改性，使得预氧化过程中氰基发生环化的起始温度和放热峰位置逐渐向低温方向移动。这是因为环化机理由自由基环化机理改变为离子型环化反应，这时的环化反应的速率会变慢，从而产生的热能少，造成后续纤维预氧化时不易断裂。PAN 共聚物的环化起始温度逐渐向低温移动，放热峰变得缓和，放热峰宽度变大，放热速率下降，放热量减少，能够更好地控制预氧化过程[39-41]。

6.4 聚合反应因素对 AN/IA 乳液聚合反应的影响

6.4.1 单体加入方式对 AN/IA 乳液聚合反应的影响

在 PAN 聚合物的生产过程中，大部分聚合都是采用均相溶液聚合和非均相沉淀聚合，此聚合方法得到的产物分子量较大，分子量分布也较宽。由于乳液聚合体系的油水两相体系，可将 RATRP 配体有效运用在聚合过程中，用于调控聚合产物的分子量和分子量分布，但关于 AN 进行乳液聚合面的研究较少。因此，本研究采用 $FeCl_3$/柠檬酸为 RATRP 络合体系，在传统乳液聚合的基础上进行改进，以此来降低分子量和分子量分布。在实验进行过程中，本研究主要采用以下三种加料方法进行探索：（1）一次加入法。先将乳化剂、引发剂、RATRP 配体、溶剂和共聚单体加入到四口烧瓶中进行反应，预乳化 30min 后将单体 AN 一次性加入。（2）滴加法。先将乳化剂、引发剂、RATRP 配体、溶剂和共聚单体加入四口烧瓶中进行反应，预乳化 30min 后将单体 AN 利用恒压滴液漏斗滴加。（3）混合加入法。将单体、引发剂、RATRP 配体和溶剂直接一步加入进行反应。控制实验条件为反应温度 60℃，聚合单体浓度 22wt%,聚合反应时间 2h,单体配比 AN:IA=98:2,乳化剂用量 7wt%,且比例为 Brij35:PVA97=7:3,RATRP 配体用量为 $FeCl_3$=0.25wt%,柠檬酸 =0.5wt%,引发剂 APS 用量 1wt%,最终实验结果如表 6.9 所示。

表 6.9　不同加料方式对 AN/IA 聚合反应的影响

加料方式	转化率 /%	黏均分子量 /M_v（10^4）
一次加入法	40.1	11.2
滴加法	67.1	18.9
混合加入法	52.1	14.7

由表 6.9 可以发现,采用滴加法能够使产物黏均分子量可以达到 18.9×10^4,同时保证转化率达到 60% 以上。在一次加入法中,直接将除单体 AN 的所有物质加入到烧瓶中,RATRP 配体可能会和引发剂发生反应无法完成络合,且单体是一次性加入的,溶液中的引发剂会在短时间内形成大量的自由基,此时的自由基活性种和休眠种无法处于一种平衡状态,乳化剂并未形成过多的胶束,单体无法在胶束内进行反应从而使得单体转化率降低,导致产物黏均分子量不高。在滴加法中,先将乳化剂溶解降至室温后,再将 RATRP 配体进行混合形成络合物,之后将除单体 AN 外的物质都加入到四口烧瓶中,当反应温度达到一定程度后,引发剂就会产生大量的自由基,但自由基并不会与 RATRP 配体发生反应,而会与溶液中的低氧化态离子发生反应,从而保持反应的平衡。此时,通过滴加单体 AN 可以减慢反应速度,使反应过程能够缓慢进行,不至于因反应热大量产生无法排除而产生爆聚现象,同时也可减少副反应的发生,PAN 产物的结构和性能更加规整,从而使得产物分子量和分子量分布都处于最佳范围内。在混合加入法中,所有物质都是第一时间加入的,当达到反应温度后,引发剂会直接产生大量的自由基并与单体在胶束内发生反应。而此时的 RATRP 配体并未及时络合与自由基形成休眠种,从而使该反应为传统的自由基聚合。但由于乳化剂的存在,反应并不能迅速增加转化率,且最终的转化率也不会很高。

6.4.2 不同共聚单体配比对 AN/IA 乳液聚合反应的影响

控制实验条件为反应温度 60℃,聚合单体浓度 22wt%,聚合反应时间 2h,乳化剂用量 8wt%,且比例为 Brij 35:PVA97=7:3,RATRP 配体用量为 FeCl$_3$=0.25wt%,柠檬酸 =0.5wt%,引发剂 APS 用量 1wt%,仅改变共聚单体 IA 的比例,实验结果如表 6.10 所示。

表 6.10　不同共聚单体配比对 AN/IA 聚合反应的影响

不同 AN/IA 配比	实验现象	转化率 /%	分子量 /M_v（10^4）
100:0	白色粉末	87.3	14.9
98:2	乳白色粉末	66.9	17.9
96:4	淡黄色液体	—	—
90:10	淡黄色液体	—	—

根据表 6.10 可知,随着共聚单体 IA 的用量增加,单体转化率逐渐下降,在 AN/IA 的比例为 96:4 和 90:10 的条件下,制备得到的 PAN 聚合物呈液体状,里面含有少量的细小颗粒状产物,与未反应的溶液对比有明显的变化,在进行抽滤时液面无法下降获得有效抽滤产物,因此不能获得相应的转化率和分子量。这是因为在反应体系当中加入了较多的乳化剂,致使反应体系内拥有大量胶束。再加上 IA 的含量比较多,分子体积较大,自由基链上的空间位阻效应占据主导位置,阻止了分子链的增长,因此反应的转化率较低。又因为 AN 无法反应致使残留大量胶束,所以难以进行抽滤。

随着共聚单体 IA 用量逐渐增加,IA 用量为 2wt% 的 PAN 共聚物黏均分子量增加,但转化率有所下降。这主要是因为该聚合反应过程为 AN 单体滴加过程,虽然共聚单体 IA 的竞聚率比单体 AN 的高,且 ~~~AN· 和 ~~~IA· 的都倾向于与 IA 单体结合。反应初期较低的 AN 单体含量,且受到反应体系中酸性 pH 值的影响,造成共聚时不易制得更高分子量的 AN/IA 共聚物。同时,共聚单体 IA 的分子体积很大,存在着空间位阻的影响,也会使得反应速度下降,使得整体上的单体转化率下降,黏均分子量略有提高 [10,21]。从后续的预氧化和碳化的角度考虑,共聚单体 IA 的加入量不宜过低,同时也不应该过高。当 IA 的含量过低时聚合物中共聚单体的链接比较少,会使预氧化的速率较低并且不充分。但是当含量过高时,在预氧化阶段会出现物质的挥发,容易造成产品纤维表面出现裂纹和空洞,同时也不利于后续的碳吸收不利于制造出性能优异的碳纤维。一般情况下,共聚单体 IA 的最佳加入量为 2wt% 即可,可以获得具有良好转化率和黏均分子量的 AN/IA 聚合物。

6.4.3 不同乳化剂种类对 AN/IA 聚合反应的影响

本研究所选用的乳化剂分别为 SDS(HLB=40)、Brij 35(HLB=16.9)和 Tween 80(HLB=15)。控制实验条件为反应温度 60℃,聚合单体浓度 22wt%,且配比为 AN : IA=98 : 2,聚合反应时间 2h,乳化剂用量 8%,且比例为乳化剂 : PVA97=7 : 3,RATRP 配体用量为 $FeCl_3$=0.25wt%,柠檬酸 =0.5wt%,引发剂 APS 用量 1wt%,仅改变乳化剂的种类,实验结果如表 6.11 所示。

表 6.11 不同乳化剂种类对 AN/IA 聚合反应的影响

乳化剂	HLB	转化率 /%	分子量 /M_v(10^4)	PDI
Brij 35	16.90	66.9	17.9	2.2
Tween 80	15.00	57.1	13.8	2.9
SDS	40.00	65.3	35.4	1.8

在乳液聚合过程中通常加入 PVA 作为非离子型乳化剂与其他乳化剂配合使用,最终制得的聚合产物粒径会下降很多,这主要是由于 PVA 在聚合反应中起着对胶束稳定的作用。由于不同的乳化剂在乳液聚合反应过程中生成的胶束数量和结构是不尽相同的,从表 6.11 数据可以看出,Brij 35 作为乳化剂时,聚合反应的转化率略高于 SDS 和 Tween 80 的,主要是因为 Brij 35 末端含有 OH,易与单体发生相互作用,从而提高反应速率。通过反应过程的实验现象看出,Brij 35 作为乳化剂时,获得的 PAN 聚合产物呈乳白色的粉末状,且后续的抽滤过程较为容易进行。采用 Tween 80 为乳化剂时得到的聚合产物为发黄的粉末状物质,但抽滤洗涤后产物仍为白色粉末。采用 SDS 作为乳化剂时产物为特别细腻的白色粉末状物质,且较为黏稠抽滤工作难以进行。这主要是因为 SDS 具有较大的亲水性且产生的胶束更多,致使产物中残留有大量的杂质并且粒径较大难以进行抽滤过程。

从产物分子量分布上来看,采用 Brij 35 和 SDS 为乳化剂的 PAN 聚合产物分子量分布较窄,Tween 80 的较宽。这与反应过程中的所选乳化剂的亲水性是密切相关的,随着亲水性逐渐变差,产物的分子量分布变宽,产物性状也发生了较大变化。由此可见,乳化剂的选择对 AN/IA 乳液聚合的影响较大。

6.4.4 乳化剂的用量对 AN/IA 聚合反应的影响

控制实验条件为反应温度 60℃,聚合反应单体浓度 22wt%,且配比为 AN:IA=98:2,乳化剂用量为 4wt%、6wt%、8wt%,且比例为乳化剂:PVA97=7:3,RATRP 配体用量为 $FeCl_3$=0.25wt%,柠檬酸 =0.5wt%,引发剂 APS 用量 1wt%,如图 6.11 和图 6.12 为不同乳化剂用量对 AN/IA 聚合反应的影响。

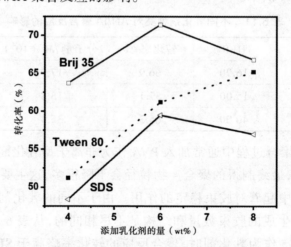

图 6.11　不同乳化剂用量对 AN/IA 聚合反应转化率的影响

从图 6.11 中可以看出,随着乳化剂含量的增加,转化率基本都呈现上升趋势,尤其是 SDS 表现明显,这是因为 SDS 的 HLB 值比较大,且亲水性强,会有更多的胶束与单体进行反应。对比三类乳化剂,Tween 80 的转化率普遍较低是因为它的亲水性较低,在水相反应体系内不利于反应的进行。对照分子量大小,以 SDS 为乳化剂时产物的分子量都普遍较高,是由于 SDS 与单体混合物在水相中的界面反应更为活跃,尽管所获得的初始颗粒较少,但随着反应的进行会产生更多胶束,而这些未反

应的胶束会残留在产物内,并且因为反应体系中加入了 PVA,平均粒径
是会有所增加的 [42]。其他两类乳化剂制得的 PAN 共聚物,其黏均分子
量在 20 万左右,较为适中。这是因为,在乳液聚合中,随着反应进行,
乳胶粒的直径是逐渐增加的,反应的时间越久就需要更多的乳化剂来保
持反应平稳进行。当乳化剂含量过少时,会导致乳胶粒出现黏结情况,
产物粒径尺寸变大进而导致反应出现破乳现象。当乳化剂含量过多时,
乳胶粒数目变多,其粒径尺寸就会变小,且其表面积会急速上升,从而
导致产物变得黏稠,使得在后续处理和应用中产生不良后果。

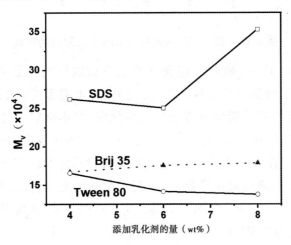

图 6.12　不同乳化剂用量对 AN/IA 聚合反应黏均分子量影响

6.4.5 聚合反应时间对乳液聚合反应的影响

控制实验条件为反应温度 $60 {}^{\circ}C$,聚合反应单体浓度 22wt%,且配比
为 AN∶IA=98∶2,乳化剂用量为 8%,且比例为 Brij 35∶PVA 97=7∶3,
RATRP 配体用量为 $FeCl_3$=0.25wt%,柠檬酸 =0.5wt%,引发剂 APS 用
量 1wt%,仅改变聚合反应的时间,对 AN/IA 的乳液聚合反应进行更深
一步探究。实验结果如图 6.13 所示。

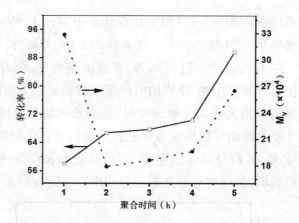

图 6.13　聚合反应时间对 AN/IA 乳液聚合的影响

由图 6.13 可见,聚合反应转化率随反应时间的延长而逐步提高,但是黏均分子量除了反应时间为 1h 之外,基本都保持在 18~26 万。因此,反应时间的延长能够改善反应的转化率,但不会对产品的黏均分子量产生显著的影响。而当反应时间为 1h,主要由于反应时间较短,聚合反应体系中存在大量的胶束,但这些胶束并没有完全的与单体结合进而反应,残留大量的胶束在产物内,经过后续的抽滤与洗涤仍会有部分胶束残留因而会对产物的黏均分子量产生一定的影响,致使其测量结果较大,因此所制得的 PAN 产物具有较高的黏均分子量。此外,乳液聚合也属于自由基聚合的范畴,而自由基聚合的特征为慢引发、快增长、快终止,在反应初期,单体的含量较多,自由基与单体会迅速发生反应生成产物 PAN,但同样的也会存在链终止反应,致使分子链不再增长。随着反应时间的增加,聚合物的转化率是必定会提高的,当反应进行到后期时,单体向胶束的转移速度直接决定了聚合反应的速率。当反应越久生成的聚合物就会越多,而这些已经生成的聚合物颗粒会吸附剩余的单体向胶束转移粒,从而使得转化率的继续增加。

6.4.6 PAN 聚合物的表征分析

6.4.6.1 FTIR

如图 6.14 所示为不同乳化剂和 Brij 35 不同单体配比下制得 PAN

聚合物的红外图谱,四条线均为 PAN 乳液聚合产物,从上往下为单体
配比 AN/IA=98∶2 的 Brij 35、Tween 80、SDS 以及单体配比为 AN/
IA=100∶0 的 Brij 35。在图 6.14 中的几个特殊峰标示出了官能团,其
中 ν 表示官能团的伸缩振动,δ 表示官能团的弯曲振动。如图 6.14 标
出了 PAN 红外光谱中较为常见的特征吸收峰和对应基团及其运动形式。

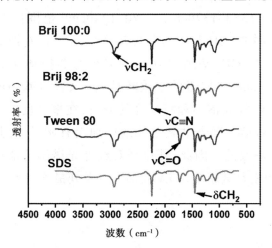

图 6.14　不同乳化剂和不同单体配比 PAN 聚合物的红外图谱

　　根据图 6.14 和表 6.7 红外图谱特征吸收峰可以看出,在较高的波
段内(3200~3700cm⁻¹)根据反应单体的分子结构,所产生的振动吸收
峰可以归因于聚合反应过程中 C ≡ N 键发生水解反应,因而使羟基
(-OH)的伸缩振动和由水解作用引起的游离团体与其他反应系统中
的基团结合而引起的 -OH 的伸缩振动。2940cm⁻¹ 和 2870 cm⁻¹ 这两个
特征吸收峰是由于亚甲基(-CH₂)基团的伸缩振动引起的,亚甲基在高
频带内的伸缩振动是不对称的,在低频带上表现出对称的伸缩振动。
C ≡ N 基伸缩振动峰在峰值 2240cm⁻¹ 处具有最显著的特征吸收峰,强
度也是最高的,表明单体 AN 链节在 PAN 聚合物分子链中是以连续态
存在的 [35-38]。

　　在较低的波段内,1735cm⁻¹ 左右的吸收峰是由基团羰基(C=O)的
伸缩振动引起的,在 PAN 聚合物中 C=O 基团是由于共聚单体 IA 在
反应中引入的,对照 Brij 35 的不同单体配比的这个峰可以看出,该
吸收峰会随着反应体系中共聚单体 IA 的增加而增强,Brij 100∶0 与
Brij 98∶2 相比 Brij 100∶0 在此处的峰值不太明显,而 Brij 98∶2 却有

相对明显的峰值。对照不同乳化剂条件下在 1735cm⁻¹ 的峰值没有较大的变化,说明该特政府不会随着乳化剂的不同而有所改变。也就是说,随着 IA 用量的增加在聚合物中 IA 单体链节也会增加,可以看出 C=O 是 AN/IA 共聚物另一个重要的官能团。Brij 100∶0 在这个特征峰处不太明显的峰值可归因于 C ≡ N 水解产生 C=O 的伸缩振动。在波段 1470~1420cm⁻¹、1350~1370cm⁻¹、1270~1220cm⁻¹ 范围内产生的特征吸收峰是由于不同的 -CH 基团弯曲振动产生的 [38]。在波数为 1045cm⁻¹ 左右的峰是由于 -CH₂ 基团、C-CN 的混合弯曲振动和 C-C 骨架的振动产生的。在 500cm⁻¹ 附近的吸收峰是由于 C-CN 基团的伸缩振动产生的 [34]。通过红外光谱图和特征峰的分析,在聚合反应过程中除了在 1735cm⁻¹ 处的峰值会随着共聚单体的增加而有所增加,其他基团峰的强度基本都是一致的。因此,乳化剂对红外光谱图特征峰没有太大影响,主要影响因素是共聚单体 IA 的加入量及其最终引入到 PAN 共聚物链节中的含量。

6.4.6.2 DSC

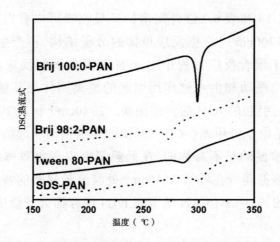

图 6.15 不同单体配比和乳化剂 PAN 聚合物的 DSC 升温曲线

如图 6.15 为 PAN 聚合物样品的 DSC 升温曲线,测试温度范围为 40℃ ~400℃,升温速率为 5℃ /min。将不同反应条件所制备的 PAN 聚合物的 DSC 特征放热峰的起始温度(T_0)、峰值温度(T_1)、终止温度

$（T_2）$、放热速率$（\Delta H/\Delta T）$、放热峰宽$（\Delta T:=T_2-T_0）$、放热量$（\Delta H）$列入表 6.12 中。

表 6.12　不同单体配比和乳化剂 PAN 聚合物的 DSC 升温参数

组号	$T_0/^\circ C$	$T_1/^\circ C$	$T_2/^\circ C$	$\Delta T/^\circ C$	ΔH（J/g）	$\Delta H/\Delta T$ [J/（g·℃）]
Brij 100∶0	242.50	279.39	298.72	56.22	539.28	9.59
Brij 98∶2	214.35	273.20	311.34	96.99	768.92	7.93
Tween 80	212.68	270.74	315.06	102.38	796.52	7.78
SDS	211.49	282.55	310.36	98.87	757.94	7.67

从图 6.15 可以看出，在乳液聚合反应体系内，采用不同的单体配比所制得的 PAN 聚合物的 DSC 升温曲线是不一样的。从图 6.15 中 Brij 100∶0 和 Brij 98∶2 的曲线可以看出，在不加入共聚单体时，放热峰值较高，峰值较大，这是因为 PAN 均聚物的放热太过集中，易导致分子链断裂，对后续的纺丝产生影响。与均聚的 PAN 聚合物相比，加入共聚单体后的 PAN 共聚物放热峰的起始温度有所降低，同时所呈现出来的放热峰会比均聚时的宽一些，且不十分尖锐。这是因为在聚合物中加入共聚单体后，可以有效改变大分子链间的分子间作用力，从而减少了预氧化活化能。通过添加第二单体 IA 对 PAN 聚合物进行改性，发现初始温度和放热峰值位置均发生了明显的向低温区移动的变化。这是因为在预氧化过程中会产生氰基环化反应，而在这个过程中，氰基的环化机制也从自由基环化转变成了离子环化，从而降低了放热反应速率和放热量，这对后续的预氧化处理过程也是有利的[39-41]。

6.5　小　结

采用混合溶剂沉淀法，以单一的水溶性引发剂 V50 合成出较高分子量的 PAN 聚合物,通过单一变量的方法,研究各个反应条件对 AN/MA 混合沉淀聚合反应因素的影响,并对其进行结构和性能的表征分析,研究结果如下:

（1）在 V50 引发聚合 AN/MA 混合溶剂沉淀聚合体系中,通过对原料催化体系加料方式的探究,采用先对催化体系进行络合,之后加入引发剂,单体采用滴加的方式的方法进行聚合时,得到的聚合物分子量高分子量分布较窄。采用 DMSO 为有机溶剂时,聚合物的分子量高;随着水含量的增加,聚合物的转化率和分子量均增大;随着共聚单体含量 MA 的增加,转化率先增后减;随着引发剂含量的增加,转化率逐渐上升,分子量随之下降;随着配体丁二酸含量的增加,转化率和黏均分子量均先增加后减小;随着催化剂含量增加,转化率和黏均分子量呈现下降趋势,当催化体系 FeCl$_3$：丁二酸 =1：2 时,效果最好制得黏均分子量为 21.6 万,分子量分布 2.9 的 PAN 聚合物。当采用柠檬酸有机配体时,其分子量分布达到 1.8,产物转化率和分子量均保持在同等水平。

（2）在 PAN 分子链中随着共聚单体 MA 含量的增加 O 元素逐渐增大。随着共聚单体 MA 的增加,FTIR 图中代表 MA 链节的 1735cm^{-1} 处的 C=O 基团的峰强度不断的增强。加入共聚单体 MA 后,反应的起始放热峰向低温方向靠近,放热宽度增加,说明缓和了其反应速率。

采用乳液聚合方法,以单一 APS 为引发剂合成出较高分子的 PAN 聚合物,固定单一变量,探究了聚合反应各因素对乳液聚合反应的影响,通过对不同因素下 PAN 聚合物性能的研究,主要有以下结论:

（1）采用 APS 作为引发剂,IA 作为共聚单体,加入 RATRP 配体改善了乳液聚合工艺。结果表明,加入方式会影响聚合物的转化率。先进行预乳化,将单体 AN 滴加制得的产物转化率最高,可得黏均分子量 18.9 万的 PAN 共聚物。由于共聚单体 IA 含量的增大,导致在 PAN 主链上 IA 单体链节数增大,在红外图谱中,IA 单体链节所对应的 1735cm^{-1} 的 C=O 基的吸收峰强度不断提高。在 DSC 放热曲线中,加入 IA 共聚单体会导致放热峰的起始温度降低,且放热峰款划,有效降低了放热反应速率。

（2）采用三类不同的乳化剂进行对比研究,发现 Brij 35 的效果最好,得到的转化率和黏均分子质量均较高且处于适宜纺丝的范围。随着乳化剂含量的增加,PAN 聚合物的转化率和黏均分子量均有所上升。

非均相沉淀聚合工艺制备高分子量聚丙烯腈

182

但当乳化剂的含量超过 6wt% 以后,转化率和分子量都会有所下降。当乳化剂的含量过高时,乳胶粒表面积急速上升,导致体系黏度增加不利于聚合反应进行。

（3）通过实验得出较好的聚合条件为反应温度 60℃、乳化剂用量 6% 且种类为 Brij 35∶PVA 97=7∶3、RATRP 配体为 FeCl₃=0.25wt%、柠檬酸 =0.5wt%、引发剂 APS=1wt%、单体浓度为 22wt% 且比例为 AN∶IA=98∶2,反应介质为纯水体系,反应时间为 2h,在磁力搅拌下反应制得的 PAN 聚合物综合性能最好,其产物转化率达到 66.9%,黏均分子量为 17.9 万,分子量分布为 2.2。

参考文献

[1] Gupta A K, Paliwal D K, Bajaj P. Acrylic precursors for carbon fibers[J]. Journal of Macromolecular Science-Reviews in Macromolecular Chemistry and Physics, 1991, c31（1）: 1-89.

[2] Liu Y D, Kumar S. Recent progress in fabrication, structure, and properties of carbon fibers[J]. Polymer Reviews, 2012, 52: 234-258.

[3] 王成国,朱波. 聚丙烯腈基碳纤维 [M]. 北京: 科学出版社, 2011.

[4] 贺福. 碳纤维及其应用技术 [M]. 北京: 化学工业出版社, 2004.

[5] 阮如玉,徐德华,梁子, et al. PAN 原丝取向行为与初生纤维结构的相关性 [J]. 航空材料学报, 2019, 39（1）: 85-95.

[6] 王艳芝,孙春峰,王成国,等. 混合溶剂法合成高分子量聚丙烯腈 [J]. 山东大学学报(自然科学版), 2003, 33（4）: 362-366.

[7] Tsai J S, Lin C H. The effect of the side chain of acrylate comonomers on the orientation, pore-size distribution, and properties of polyacrylonitrile precursor and resulting carbon fiber[J]. Journal of

Applied Polymer Science, 1991, 42（11）：3039-3044.

[8] Zhao Y Q, Liang J J, Peng M X, et al. A new process based on mixed-solvent precipitation polymerization to synthesize high molecular weight polyacrylonitrile initiated by ammonium persulphate[J]. Fibers and Polymers, 2016, 17: 2162-2166.

[9] Moghadam S S, Bahrami H S. Copolymerization of acrylonitrile-acrylic acid in DMF-water mixture[J] . Iranian Polymer Journal, 2005, 14（12）：1032-1041.

[10] 赵亚奇. 水相沉淀聚合工艺制备碳纤维用高分子量聚丙烯腈 [D]. 山东大学, 2010.

[11] Ju, A Q, Zhang K, Luo M, et al. Poly（acrylonitrile-co-3-ammoniumcarboxylate-3-butenoic acid methyl ester）: a better carbon fiber precursor than acrylonitrile terpolymer[J]. Journal of Polymer Research, 2014, 21: 395-1093.

[12] Zhao Y Q, Wang C G, Bai Y J, et al. Property changes of powdery polyacrylonitrile synthesized by aqueous suspension polymerization during heat-treatment process under air atmosphere[J]. Journal of Colloid and Interface Science, 2009, 329（1）：48-53.

[13] Moghadam S S, Bahrami H S. Copolymerization of acrylonitrile-acrylic acid in DMF-water mixture[J]. Iranian polymer Journal, 2005, 14（12）：1032-1041.

[14] 冯春. 碳纤维用高分子量聚丙烯腈前驱体的研究 [D]. 哈尔滨工业大学, 2009.

[15] Tan L, Pan J, Wan A. Shear and extensional rheology of polyacrylonitrile solution: effect of ultrahigh molecular weight polyacrylonitrile[J]. Colloid and Polymer Science, 2012, 290（4）：289-295.

[16] 姜会钰. 超高—高分子量聚丙烯腈聚合体原液的制备、流变特性及可纺性研究 [D]. 东华大学, 2016.

[17] 张旺玺. 丙烯腈与丙烯酸混合介质悬浮聚合工艺研究 [J]. 合成纤维, 2000, 29（3）：6-9.

[18] Bajaj P, Sreekumar T V, Sen K. Effect of reaction medium

on radical coplymerization of acrylonitrile with vinyl acids[J]. Journal of Applied Polymer Science，2001，79：1640-1652.

[19] 陈厚，张旺玺，王成国，等 . 悬浮与溶液聚合法合成丙烯腈共聚物的对比 [J]. 合成纤维，2002，31（3）：10-13.

[20] 陈厚，王成国，崔传生，蔡华甦 . H$_2$O/DMSO 混合溶剂对丙烯腈/N-乙烯基吡咯烷酮共聚反应的影响 [J]. 新型炭材料，2002，17(4)：38-42.

[21] 潘祖仁 . 高分子化学 [M]. 北京：化学工业出版社，2014.

[22] Wang J S, Matyjaszewski K. "Living"/controlled radical polymerization. Transition-metal-catalyzed atom transfer radical polymerization in the presence of a conventional radical initiator[J]. Macromolecules，1995，28：7572-7573.

[23] Chen H, Liu J S, Wang C G. Reverse atom-transfer radical polymerization of acrylonitri-le catalyzed by FeCl$_3$/iminodiacetic acid[J]. Polymer International，2006，55：171-175.

[24] Chen Hou, Qu R J, LIU J S, Guo Z L, Wang C H, Ji C N, Sun C M, Wang C G. Reverse ATRP of acrylonitrile with diethyl 2,3-dicyano-2, 3-diphenyl succinate/FeCl3/iminodiacetic acid[J]. Polymer，2006，47（5）：1505-1510.

[25] Chen H, Qu R J, Liang Y, Wang C G. Reverse atom transfer radical polymerization of acrylonitrile[J]. Journal of Applied Polymer Science，2006，99：32-36.

[26] Chen H, Ji C N, Qu R J, Wang C H, Sun C M, Zhou W Y, Yu M M. An iron-based reverse ATRP process for the living radical polymerization of acrylonitrile[J]. Journal of Applied Polymer Science，2007，105：1575-1580.

[27] Chen H, Ji C N, Wang C H, Qu R J. A copper-based reverse atom-transfer radical polymerization process for the living radical polymerization of polyacrylonitrile[J]. Journal of Polymer Science：Part A：Polymer Chemistry，2006，44：226-231.

[28] 赵亚奇，郭雯静，杜玲枝，等 . 自由基引发剂制备高相对分子质量聚丙烯腈研究进展 [J]. 纺织学报，2020，41（4）：174-180.

[29] 王成国，赵亚奇，王启芬. 连续水相沉淀聚合法合成聚丙烯腈的反应机理研究进展 [J]. 现代化工，2008，28（1）：18-21.

[30] 赵亚奇，周梦珂，梁浜雷，等. 过硫酸铵引发混合溶剂沉淀法制备丙烯腈/丙烯酰胺共聚物及性能研究 [J]. 化工新型材料，2021，49（11）：136-140

[31] 曾照坡. 混合溶剂沉淀聚合法制备 P（AN/IA）及其结构性能研究 [D]. 东华大学，2017.

[32] Tsai J S, Lin C H. The effect of the side chain of acrylate comonomers on the orientation, pore-size distribution, and properties of polyacrylonitrile precursor and resulting carbon fiber[J]. Journal of Applied Polymer Science, 1991, 42（11）: 3039-3044.

[33] Zhao Y Q, Liang J J, Peng M X, et al. A new process based on mixed-solvent precipitation polymerization to synthesize high molecular weight polyacrylonitrile initiated by ammonium persulphate[J]. Fibers and Polymers, 2016, 17（12）: 2162-2166.

[34] 王晶. 丙烯腈溶液聚合及热分解动力学的研究 [D]. 长春工业大学，2016.

[35] Bajaj P, Paliwal D K, Gupta A K. Acrylonitrile-acrylic acids copolymers: I. Synthesis and characterization[J]. Journal of Applied Polymer Science, 1993, 49: 823-833.

[36] 张美珍，柳百坚，谷晓昱. 聚合物研究方法 [M]. 北京：中国轻工业出版社，2000.

[37] Bajaj P, Padmanaban M. Copolymerization of acrylonitrile with 3-chloro, 2-hydroxy-propyl acrylate and methacrylate[J]. Journal of Polymer Science: Polymer Chemistry Edition, 1983, 21（8）: 2261-2270.

[38] Minagawa M, Miyano K, Takahashi M, et al. Infrared characteristic absorption bands of highly isotactic poly（acrylonitrile）[J]. Macromolecules, 1988, 21: 2387-2391.

[39] Bahrami S H, Pajaj P, Sen K. Thermal behavior of acrylonitrile carboxylic acid copolymers[J]. Journal of Applied Polymer Science, 2003, 88: 685-698.

[40] Moghadam S S, Bahrami Hajir S. Copolymerization of acrylonitrile-acrylic acid in DMF-water mixture[J]. Iranian polymer Journal, 2005, 14: 1032-1041.

[41] 韩娜, 张兴祥, 王学晨. 丙烯腈 - 丙烯酰胺共聚物的合成与性能研究 [J]. 材料科学与工程学报, 2007, 25: 71-74.

[42] 彭辰晨, 邢洁芳, 闫继芳, 等. 乳化剂对丙烯酸乳液性能的影响 [J]. 包装工程, 2018, 39（17）: 66-70.

第 7 章

结 论

以单一的水溶性无机铵盐 APS 为引发剂,采用水相沉淀聚合工艺制备了高分子量的 PAN 聚合物。实验结果表明:

(1)在 APS 引发 AN/IA 的水相沉淀聚合体系中,随着引发剂用量、总单体浓度、反应温度的提高,聚合反应转化率升高,聚合物平均分子量下降;随着反应时间延长,聚合反应转化率和聚合物平均分子量均升高;随着单体配比中 IA 含量的增加,聚合反应转化率和聚合物平均分子量呈现先增大后减小的趋势,在 IA 用量为 2wt% 时,达到最大值;聚合物中 O 元素的含量增加,表明 PAN 共聚物主链上 IA 单体链节的含量增加,FTIR 谱图中代表 IA 单体链节的 1737cm^{-1} 附近的 C=O 伸缩振动峰强度增强;IA 单体的引入降低了 PAN 聚合物的结晶度,晶粒尺寸下降,三单元立构规整度变化不大。

(2)随着分子量调节剂用量的增加,聚合反应转化率和分子量下降,但是聚合物中 C、N、H、O 各元素含量变化不大。分子量调节剂 IPA 的引入使 PAN 聚合物的结晶度提高,晶粒尺寸增加,但对 PAN 聚合物的化学结构和三单元立构规整度影响不大。对于 APS 引发的 AN/IA 水相沉淀聚合反应,其聚合反应动力学方程为: $R_p = K[APS]^{0.538}[M]^{1.696}$,该聚合反应活化能为 $E=180.8kJ/mol$。利用 K-T 法和 F-R 法计算的单体竞聚率分别为: r_1(AN)=0.64, r_2(IA)=1.37; r_1(AN)=0.61, r_2(IA)=1.47。从竞聚率的大小可以看出,IA 单体的反应活性大于 AN。AN 的单体竞聚率随转化率和反应温度的提高而增大,IA 的单体竞聚率则降低。

(3)与均聚物相比,PAN 共聚物具有较低的放热峰起始温度、较大的放热峰宽、较低的放热速率和较低的总失重率。共聚单体 IA 的引入,缓和了 PAN 聚合物的放热反应,并且具有引发环化反应、减少分子链断链和热裂解的作用。不论是在惰性气氛中,还是在空气气氛中,PAN 均聚物和共聚物的 DSC 放热曲线呈现出多峰现象。而当有氧存在时,多峰现象尤为明显。PAN 聚合物的多峰现象是加热过程中聚合物大分子链发生复杂放热反应的表现。随着 PAN 共聚物分子量的降低,其 DSC 放热峰特征温度变化不大,放热峰形为双峰或三峰。当分子量较低时,放热峰起始温度略降,放热峰宽化,放热速率降低。

(4)在空气气氛中进行热处理时,PAN 聚合物的颜色从淡黄色逐渐向黑色转变,且聚合物中 O 元素含量逐渐增加,C、N、H 元素的含量下降。WAXRD 谱图中代表有序区的 $2\theta\approx17°$ 附近的主衍射峰强度、结晶度和晶粒尺寸呈现先增大后减小的趋势。预氧化后期代表非晶区的 $2\theta\approx25.5°$ 附近的衍射峰逐渐出现并增强。2940cm^{-1} 和 1455cm^{-1} 附近代表 CH$_2$ 的伸缩振动和弯曲振动、2244cm^{-1} 附近代表 C≡N 伸缩振动的红外吸收峰逐渐减弱并消失；1737cm^{-1} 附近代表 C=O 伸缩振动和 1180cm^{-1} 附近代表 C-O 单键伸缩振动的红外吸收峰始终存在；1600cm^{-1} 附近代表梯形结构的 C=C 和 C=N 基团逐渐出现并增强。

以单一的 APS 或 V50 为引发剂，采用混合溶剂沉淀聚合工艺制备了高分子量的 PAN 聚合物。实验结果表明：

（1）随着 DMSO/H$_2$O 混合溶剂中 DMSO 组分的减小，转化率先增加后减少，聚合物平均分子量则逐渐升高；聚合产物转化率和分子量分别在 DMSO 用量为 60wt% 和 40wt% 时达到最大；当聚合反应中 IA 单体的用量达到 10% 时，产物分子量较 4% 时有所降低，转化率降低幅度较大。在 PAN 聚合物的 FTIR 图谱上，主官能团 C≡N 基团的伸缩振动峰为最强峰，次官能团 CH$_2$ 基团和不同 CH 的振动也表现较强；随着共聚单体 IA 用量的增加，谱图中 1730cm^{-1} 附近代表 C=O 基团的伸缩振动峰强度增强，并且 PAN 共聚物中的 IA 含量也逐渐增加。

（2）在高 H$_2$O 含量条件下，随着 H$_2$O/DMF 混合溶剂中 H$_2$O 的降低，转化率先增加后减少，聚合物黏均分子量则逐渐减小；当聚合反应中 AM 单体用量达到 10% 时，产物分子量较 4% 时有所降低，转化率降低幅度较大。随着共聚单体 AM 用量的增加，PAN 产物的 O 元素含量增大，共聚物中 AM 单元的含量增加；在 PAN 聚合物的 FT-IR 谱图中 1678cm^{-1} 附近代表 C=O 基团的伸缩振动峰强度增强。AM 单体的引入缓和了 PAN 聚合物的放热反应，其 T_i 和 $\Delta H/\Delta T$ 呈现降低趋势，但在 AM 用量为 10% 时，则出现明显增大。随着 AM 单体用量的增加，L_c 呈先降低后增加的趋势，而 X_c 则呈相反的变化趋势。

（3）采用混合溶剂沉淀聚合工艺，对 AN/AM/IA 进行三元共聚合的改进方案为：单体浓度 [M]=22%，共聚合反应单体中 [AN]=98%、[AM]=[IA]=1%，引发剂浓度 [V50]=0.5%，混合溶剂质量配比为 H$_2$O/DMSO=70：30，反应温度 T=60℃，反应时间 t=2h，可制得具有高转化率和高分子量的 PAN 共聚物。

　　以 APS 或 V50 为引发剂,采用非均相 RATRP 工艺制备了高分子量的 PAN 聚合物。实验结果表明:

　　(1)以 V50 为引发剂,MA 为共聚单体,通过非均相 RATRP 的方法制备 PAN 聚合物,研究发现转化率随着水、引发剂的含量增多而增大;随着共聚单体、配体丁二酸的含量先增大后减小;随着催化剂的含量增大而减小。黏均分子量随着水的含量不断的升高;随着引发剂、催化剂的含量增加而减小;随着共聚单体和配体丁二酸的增加先增大后减小。当 $FeCl_3$ 和丁二酸配比为 1 : 2 时,反应催化效果较好,制得黏均分子量 21.6 万,分子量分布为 2.9 的 PAN 聚合物。随着 MA 含量的增加,PAN 分子链中增加 O 元素逐渐增大,FTIR 图中代表 MA 链节的 $1735cm^{-1}$ 处的 C=O 基团的峰强度不断的增强。加入共聚单体 MA 后,反应的起始放热峰向低温方向靠近,放热宽度增加,说明缓和了反应速率。

　　(2)采用 APS 作为引发剂,IA 作为共聚单体,加入 RATRP 配体改善了乳液聚合工艺,结果表明,加入方式会影响聚合物的转化率。采用先对催化体系进行络合,之后加入引发剂,单体采用滴加的方式的方法进行聚合时,聚合反应转化率最高分子量,且黏均分子量最为适中得到。由于共聚单体 IA 含量的增大,导致在 PAN 主链上 IA 单体链节数增大,在红外图谱中,IA 单体链节所对应的 $1735cm^{-1}$ 的 C=O 基的吸收峰强度不断提高;在 DSC 检测过程中,加入添加共聚单体会导致放热峰值的起始温度降低,且放热峰变宽,从而有效地降低了反应速度。

　　(3)采用不同类型的乳化剂对聚合反应的转化率和黏均分子量也有所影响,由上述分析可知,在三类乳化剂当中 Brij 35 的效果最好,得到的转化率和黏均分子质量均较高且都在正常值范围内。当乳化剂用量不一样时,随着乳化剂含量的增加,PAN 聚合物的转化率和黏均分子量均有所上升,但当乳化剂的含量超过 6% 以后,转化率和分子量都会有所下降;当乳化剂的含量过高时,乳胶颗粒会过多导致表面积急速上升,反应体系黏度增加不利于聚合过程进行。

　　(4)通过实验得出较好的聚合条件为反应温度 60℃、乳化剂用量 6% 且种类为 Brij 35 : PVA 97=7 : 3、RATRP 配体为 $FeCl_3$=0.25wt%、柠檬酸 =0.5wt%、引发剂 APS=1wt%、单体浓度为 22wt% 且比例为

AN：IA=98：2，反应介质为纯水体系，反应时间为 2h，在磁力搅拌下反应制得的 PAN 聚合物综合性能最好，其产物转化率达到 66.9%，黏均分子量为 17.9 万，分子量分布为 2.2。

附录一 非均相聚合工艺制备高分子量聚丙烯腈的研究进展

赵亚奇[1]* 杜玲枝[1] 张俊超[1] 王成国[2]

（1. 河南城建学院 化学与化学工程系，平顶山 467036；2. 山东大学 材料科学与工程学院 碳纤维工程技术研究中心，济南 250061）

摘　要　本文综述了非均相聚合工艺制备高分子量聚丙烯腈（PAN）聚合物的工艺特点及研究现状。由此可见，采用非均相聚合体系有利于制备高分子量的 PAN 聚合物，并成为制备高性能 PAN 基碳纤维的优良前驱体。

关键词　碳纤维；聚丙烯腈；非均相聚合

Research Advances of Heterogeneous Polymerization Methods Used to Synthesize High Molecular Weight Polyacrylonitrile

Zhao Yaqi[1]　Du Lingzhi[1]　Zhang Junchao[1]　Wang Chengguo[2]

（*1 Department of Chemistry and Chemical Engineering*, *Henan University of Urban Construction*, *Pingdingshan 467036*；*2 Carbon Fiber Engineering Technology Research Center*, *School of Materials Science and Engineering*, *Shandong University*, *Jinan 250061*）

Abstract　Process characters and research status of heterogeneous polymerization methods to prepare polyacrylonitrile（PAN）polymers were summarized. It is investigated that high molecular weight PAN polymers can be advantageously obtained by employing heterogeneous polymerization systems. Furthermore, high molecular weight PAN polymers may be the excellent precursors to manufacture PAN-based

Key words carbon fiber; polyacrylonitrile; heterogeneous polymerization

聚丙烯腈（PAN）纤维是生产碳纤维最具潜力的前驱体，PAN 纤维的质量问题是制约我国碳纤维工业发展的"瓶颈"[1-6]。目前，国内外专家一致认为，利用高品质的 PAN 共聚物进行纺丝，是制备高性能 PAN 原丝和碳纤维的重要途径之一。高品质 PAN 聚合物具备如下特点：高纯度、高分子量与合适的分子量分布；理想的共聚单体及含量；较少的分子结构缺陷[1,2,6]。与丙烯腈（AN）单体进行共聚时，共聚单体的引入改变了均聚 PAN 的化学结构特征，缓和了 PAN 聚合物的放热反应，降低了 PAN 大分子链的内聚能，并适当降低了结晶度，对后续 PAN 原丝的纺丝和预氧化工艺参数设计和优化具有重要影响[1,2]。本文详述了制备高分子量 PAN 聚合物的非均相聚合工艺（包括水相沉淀聚合、水相悬浮聚合和混合溶剂沉淀聚合等）的工艺特点和研究现状，希望为制备高性能的 PAN 基碳纤维提供理论性指导。

1 AN 的共聚合体系简介

AN 的共聚合反应体系一般包括：聚合单体（AN 和乙烯基共聚单体）、引发剂、反应介质和分散剂（或乳化剂）四个基本组分。根据 AN 单体或 PAN 聚合物与反应介质的相溶性，反应体系呈现均相或两相，甚至多相，分别称为均相聚合或非均相聚合。一般情况下，AN 共聚合体系的反应介质为 PAN 聚合物的沉淀剂——水或 PAN 聚合物的有机良溶剂（如二甲基亚砜 DMSO、二甲基甲酰胺 DMF、二甲基乙酰胺 DMAc）。当采用有机良溶剂作为反应介质，在油溶性引发剂存在下，生成的 PAN 聚合物溶于有机溶剂，聚合体系呈现均相，称为均相溶液聚合，这是碳纤维工业生产中最常用、研究最为充分的一种方法。当有水存在时，由于单体 AN 在水中具有一定的溶解度[7]，聚合体系为部分水溶性体系。与传统的均相溶液聚合体系不同，这种聚合体系形成的聚合物不溶于水，聚合反应为非均相聚合。根据采用引发剂的油溶性或水溶性差异，水相聚合体系呈现悬浮聚合或沉淀聚合特性，分别称为水相悬浮聚合或水相沉淀聚合。当采用水和上述有机良溶剂的混合溶剂时,这种聚合体系呈现均相溶液聚合和水相沉淀(或悬浮)聚合的共同特点,称为混合溶剂沉淀聚合。非均相聚合体系由于采用水(或引入部分有机溶剂)作为反应介质,可以减少向溶剂的链转移反应,有利于提高 PAN 聚合物的分子量,成为制备高分子量 PAN 聚合物且成本较低的重要方法,能够为碳纤维工业的发展提供性能优良的前驱体。

2 AN 的非均相聚合方法

2.1 水相悬浮聚合

当 AN 的共聚合反应体系中引发剂为油溶性引发剂,反应介质为水,且采用分散剂时,该聚合方法即为水相悬浮聚合,这是单体在机械搅拌作用下悬浮成均匀小液滴形式在水相中进行聚合的方法,水的存在可以作为热交换与液滴分散的媒介。聚合体系中油溶性引发剂在小液滴中引发聚合反应,类似于本体聚合,产生的白色聚合物不溶于水而沉淀出来。当有分散剂存在时,单体小液滴表面容易形成一层保护膜,可以防止黏结。聚合反应结束后,回收未参与反应的单体,聚合物经洗涤、分离、干燥后,得到颗粒状的 PAN 聚合物。水相悬浮聚合具有反应产率高、黏度低、温度易控制、产品质量稳定、产物杂质较少,且不需要回收溶剂的优点。其最大的缺点是不能实现一步法连续纺丝,必须将制得的 PAN 聚合物干燥之后,进一步溶解配制成一定浓度的溶液,脱泡之后才能用于纺丝。

陈厚等[8-12]以偶氮二异丁腈(AIBN)为引发剂,采用水相悬浮聚合法合成了分子量高达 55×10^4 的 AN/丙烯酸(AA)共聚物,并对 AN/N-乙烯基吡咯烷酮(NVP)的水相悬浮聚合工艺、热解反应动力学以及竞聚率进行了研究。张林等[13]和吴承训等[14]采用水相悬浮聚合工艺合成了相对分子质量大于 40×10^4 的 PAN 聚合体。除采用 AIBN 作为引发剂外,厉雷等[15]采用偶氮二异庚腈(AIHN)作为引发剂,也制备出了具有高分子量的 PAN 聚合物,并与 AIBN 的引发体系进行了对比,研究发现在相同的条件下,AIHN 的分解温度较低,分解速度快,可以在较低的温度下制得分子量较高的 PAN 聚合物。

2.2 水相沉淀聚合

当反应介质全部为水,同时采用水溶性引发剂,该聚合体系呈现部分水溶性特征。在反应过程中,水溶性引发剂受热分解产生离子自由基后,引发水中的 AN 单体产生 AN 自由基,当链增长反应进行到一定程度时,PAN 聚合物会以白色絮状沉淀或淤浆从水相中析出。这种非均相溶液聚合体系称为水相沉淀聚合或水相淤浆聚合。该聚合体系通常由单体(AN 和共聚单体)、水溶性引发剂和水组成,最终可以得到粉末状或颗粒状 PAN 聚合物。这与均相溶液聚合体系最终形成均匀的 PAN 纺丝原液是截然不同的。

AN 的水相沉淀聚合体系除了具备上述水相悬浮聚合体系的特点之外,该聚合体系通常采用水溶性氧化 - 还原引发体系,其分解活化能较低,可以在较低温度(小于 60℃)下进行聚合,因此所得产物色泽较白;当采用单一的过硫酸盐作引发剂时,反应温度控制在 60℃ 附近,过高会使聚合物白度降低。同时,采用水作为反应介质,有利于制备具有高平均分子量和聚合反应转化率的 PAN 聚合物 [16-21]。为了调节 PAN 聚合物的平均分子量,也会加入一些链转移系数较大的有机溶剂如正十二烷基硫醇(n-DDM)、乙醇(CH_3CH_2OH)、异丙醇(IPA)作为分子量调节剂 [1,2,22,23]。

贾塱等 [33] 采用水溶性的次氯酸钠($NaClO_3$)- 焦亚硫酸钠($Na_2S_2O_5$)的氧化 - 还原体系为引发剂,研究了 AN/ 衣康酸(IA)的二元水相聚合反应,结果表明:在温度为 60℃,氧化剂 / 还原剂 = 1/3(重量比),氧化剂浓度为 0.1% 的条件下,反应 2 小时可得相对分子量为 15 万 ~20 万的 PAN 聚合体。崔传生和赵亚奇等 [17-21] 以过硫酸铵(APS)为引发剂,利用水相沉淀聚合方法成功合成了高分子量的 PAN 共聚物,并在此基础上采用干喷湿纺工艺纺制出高性能的 PAN 原丝。

2.3 混合溶剂沉淀聚合

在有机溶剂(如 DMSO、DMF 和 DMAc 等)和非溶剂(主要是水)的混合介质中,采用少量分散剂或者不使用分散剂,以油溶性引发剂引发 AN 与乙烯基单体的自由基共聚反应,也可得到具有较高分子量的 PAN 聚合物。与水相沉淀聚合体系一样,聚合过程中的 PAN 聚合物达到一定聚合度后以白色絮状沉淀从混合介质中析出,因此称为混合溶剂沉淀聚合。混合溶剂聚合具有水相悬浮聚合和均相溶液聚合的双重优点,其聚合体系一般由单体(AN 和共聚单体)、油溶性引发剂、水、有机溶剂、分散剂组成。由于良溶剂的存在,该聚合体系的反应机理比水相沉淀聚合体系较为复杂,且存在部分向溶剂的链转移反应,稍微降低了PAN 聚合体的平均分子量。该聚合工艺制得的 PAN 聚合物的后处理方法和水相悬浮(或沉淀)聚合相同。

陈厚等 [9,10] 和王艳芝等 [24] 以 AIBN 为引发剂,采用 DMSO/ 水混合溶剂为反应介质,加入聚乙烯醇(PVA)作为分散剂,均合成了具有较高相对分子量的 AN 共聚物,并对其聚合反应动力学进行了探究。张引枝等 [25] 采用 DMF/ 水混合溶剂制得了黏均分子量大于 52×10^4 的 PAN共聚物,研究发现采用混合介质可以提高聚合物分子量和反应速度,并且水的含量在一定范围内越高,PAN 聚合物的相对分子量和转化率越高。张旺玺 [26] 和 Bajaj 等 [27] 采用同样的混合溶剂合成了黏均分子量较高的 AN/AA(或 IA 或甲基丙烯酸 MAA)共聚物。除了采用 AIBN等油溶性引发剂外,李培仁等 [28] 采用水溶性氧化 - 还原引发体系(过氧化氢和抗坏血酸复合体系),以 DMF/ 水为混合介质,同样合成了分子量为(21.1~45)×10^4,分子量分布多分散系数 D=2.85~3.95 的 AN/MA(丙烯酸甲酯)/IA 三元共聚物。

另外,张斌等 [29] 在石英管中加入 10%DMF 水溶液作反应溶剂,采用一种全新的含氟磺酸钾盐在空气中电子辐照生成的含氟自由基,并在高纯氮气保护下用 500W 紫外灯辐照,引发聚合反应制得了黏均平均分子量为 80×10^4 左右的 PAN 聚合物。Tsai 等 [30,31] 采用 AIBN 为引发剂在丙酮(非水沉淀剂)和 DMSO 混合溶剂中聚合,通过控制引发剂用量,制得了平均分子量为(16.5~42.9)×10^4,分子量分布多分散系数D=1.6~3.1 的高分子量 PAN 聚合物。

3 结语

目前,我国碳纤维的研究工作已经进行了 40 多年,国内碳纤维产业与国外的明显差距主要体现在 PAN 原丝的质量问题上,从根本上解决碳纤维发展的关键性问题已急不可待。PAN 聚合物的制备是整个碳纤维生产工艺的第一步,直接决定了后续工艺参数的设定和最终产品的质量。采用非均相聚合体系有利于制备高分子量的 PAN 聚合物,这是制备高品质 PAN 基碳纤维的重要途径之一。由此可见,研究"适于制备高性能 PAN 基碳纤维的聚合物"是一个具有重要理论性和应用性价值的课题。这将是碳纤维工业发展过程中的重要突破点。

参考文献

[1] 王茂章,贺福.碳纤维的制造、性能及其应用 [M].北京:科学出版社,1984.

[2] 贺福.碳纤维及其应用技术 [M].北京:化学工业出版社,2004.

[3] 贺福.高性能碳纤维原丝与干喷湿纺 [J].高科技纤维与应用,2004,29(4):6-12.

[4]Gupta A K, Paliwal D K, Bajaj P. Acrylic precursors for carbon fibers[J].Journal of Macromolecular Science-Reviews in Macromolecular Chemistry and Physics,1991,c31(1):1-89.

[5]Sen K, Bahrami S H, Bajaj P. High-performance acrylic fibers[J].Journal of Macromolecular Science-Reviews in Macromolecular Chemistry and Physics,1991,c36(1):1-76.

[6] 张旺玺,王艳芝.高分子量聚丙烯腈的结构表征 [J].中原工学院学报,2004,15(4):19-23.

[7] 李克友,张菊花,向福如.高分子合成原理及工艺学 [M].北京:科学出版社,1999.

[8] 陈厚,张旺玺,蔡华甦.丙烯腈和丙烯酸的水相悬浮聚合及表征 [J].金山油化纤,1999,4:7-11.

[9] 陈厚.高性能聚丙烯腈原丝纺丝原液的制备及纤维成形机理研究 [D].济南:山东大学,2004.

[10] 陈厚,王成国,崔传生,等.丙烯腈与 N-乙烯基吡咯烷酮在 H2O/DMSO 混合溶剂中共聚反应动力学研究 [J].功能高分子学报,2002,15(4):457-460.

[11] 陈厚,王成国,张旺玺,等.丙烯腈与 N-乙烯基吡咯烷酮共聚体系对单体竞聚率的影响 [J].高分子材料科学与工程,2003,19(3):72-74.

[12] 陈厚,王成国,蔡华甦,等.丙烯腈/N-乙烯基吡咯烷酮共聚物结构和热解反应表观活化能[J].化工学报,2003,54(1):124-127.

[13] 张林,杨明远,毛萍君.悬浮聚合反应制备高相对分子质量PAN[J].合成纤维工业,1998,21(4):29-31.

[14] 吴承训,何建明,施飞舟.丙烯腈的悬浮聚合[J].高分子学报,1991(1):121-124.

[15] 厉雷,吴承训,张斌,等.超高分子量聚丙烯腈的制备及其合成动力学的研究[J].合成纤维,1997,26(7):5-11.

[16] 贾曌,杨明远,毛萍君,等.用水相沉淀聚合法制备高分子量PAN[J].山西化纤,1998,1:1-5.

[17]Cui C S, Wang C G, Zhao Y Q. Acrylonitrile/ammonium itaconate aqueous deposited copolymerization[J].J Appl Polym Sci, 2006,102:904-908.

[18]Cui C S, Wang C G, Zhao Y Q. Monomer reactivity ratios for acrylonitrile-ammonium itaconate during aqueous-deposited copolymerization initiated by ammonium persulfate[J]. J Appl Polym Sci,2005,100:4645-4648.

[19]Cui C S, Wang C G, Jia W J, et al. Viscosity study of dilute poly(acrylonitrile-ammonium itaconate)solutions[J]. J Polym Res, 2006,13:293-296.

[20] 赵亚奇,王成国.硫酸铵引发丙烯腈/衣康酸铵共聚合研究[J].合成技术及应用,2007,22(1):12-15.

[21] 赵亚奇,王成国,崔传生,等.等过硫酸铵引发丙烯腈衣康酸铵共聚合研究[J].化学工程,2007,35(4):53-56.

[22] 上海纺织工学院.腈纶生产工艺及其原理[M].上海:上海人民出版社,1976.

[23] 任铃子.丙烯腈聚合及原液制备[M].北京:纺织工业出版社,1981.

[24] 王艳芝,孙春峰,王成国,等.混合溶剂法合成高分子量聚丙烯腈[J].山东大学学报(工学版),2003,33(4):362-366.

[25] 张引枝,李志敬,贺福,等.丙烯腈与丙烯酸混合介质悬浮聚合工艺研究[J].合成纤维,1993,22(6):22-26.

[26] 张旺玺. 丙烯腈与丙烯酸混合介质悬浮聚合工艺研究 [J]. 合成纤维, 2000, 29（3）: 6-9.

[27]Bajaj P, Sreekumar T V, Sen K. Effect of reaction medium on radical coplymerization of acrylonitrile with vinyl acids[J]. J Appl Polym Sci, 2001, 79: 1640-1652.

[28] 李培仁, 单洪青. 混合溶剂法制备丙烯腈共聚物的特性 [J]. 北京化工大学学报（自然科学版）, 1995, 22（2）: 26-29.

[29] 张斌, 赵祥臻, 赵炯心, 等. 以含氟自由基为引发剂制备超高相对分子质量聚丙烯腈 [J]. 合成纤维工业, 1997, 20（2）: 19-22.

[30]Tasi J S, Lin C H. The effect of the side chain of acrylate comonomers on the orientation, pore-size distribution, and properties of polyacrylonitrile precursor and resulting carbon fiber[J]. J Appl Polym Sci, 1991, 42: 3039-3044.

[31]Tasi J S, Lin C H. The effect of the side chain of acrylate comonomers on the orientation, pore-size distribution, and properties of polyacrylonitrile precursor and resulting carbon fiber[J]. J Appl Polym Sci, 1991, 42: 3045-3050.

附录二　混合溶剂法制备高分子量聚丙烯腈研究进展

赵亚奇　冯巧　陈琳洁

（河南城建学院化学与材料工程学院，河南 平顶山 467036）

摘　要　本文主要从聚合体系中共聚单体的类型、引发剂的种类、混合溶剂的选择，以及聚合工艺参数（包括反应温度、反应时间、搅拌转速等）四个方面出发，阐述了混合溶剂沉淀法制备高分子量聚丙烯腈（PAN）的工艺特点和研究现状。由此可见，混合溶剂法有利于制备出高分子量的 PAN 聚合物，是制备高性能 PAN 前驱体的重要合成方法。

关键词　聚丙烯腈；混合溶剂法；高分子量

Research Progress on High Molecular Weight Polyacrylonitrile Synthesized by Mixed Solvent Method

ZHAO Yaqi, FENG Qiao, CHEN Linjie

（ *School of Chemical and Material Engineering*, *Henan University of Urban Construction*, *Pingdingshan 467036*, *China* ）

Abstract　In this article, technology characteristics and research status of synthesizing high molecular weight polyacrylonitrile（PAN）through mixed solvent precipitation method were described in detail, which focused on the four aspects：（ⅰ）type of comonomer,（ⅱ）type of initiator,（ⅲ）choice of mixed solvent and（ⅳ）polymerization parameters（including reaction temperature, reaction time and stirring speed）. It is suggested that the mixed solvent polymerization method is beneficial to produce PAN polymers with high molecular weight, which is an important synthesis method to prepare high performance PAN precursor.

Key words Polyacrylonitrile; Mixed solvent; High molecular weight

碳纤维是 21 世纪最重要的材料之一,其具有高模量,高强度,耐高温,耐腐蚀,高导热、导热系数,低密度以及低膨胀系数,被称为未来社会的梦幻材料。碳纤维广泛地应用于航空、航天、军工、民用等领域。制备碳纤维的原料有黏胶、沥青、聚丙烯腈(PAN)、木质素、酚醛树脂等,其中 PAN 是制备碳纤维是最重要的前驱体之一 [1-3]。20 世纪 50 年代 PAN 基碳纤维在日本问世,经过几十年的发展,日本以及欧美的 PAN 原丝以及碳纤维制造技术一直处于世界的领先地位。我国的碳纤维研究发展较慢,生产技术较日本、美国等国家相对落后。国内生产的碳纤维毛丝多、强度低且价格昂贵,难以满足我国航空航天领域的要求,想要获得高品质的碳纤维只能依赖进口。因此,提高我国碳纤维的性能迫在眉睫。只有高品质的碳纤维原丝才能制造出理想的碳纤维,这也是限制我国碳纤维技术发展的重要原因,而制备高品质的碳纤维原丝便是首要解决的问题 [4,5]。高品质的碳纤维原丝一般要求高分子量的 PAN 作为前驱体,便于增加碳网长度,减少分子缺陷,从而提高 PAN 原丝的强度,有效改善碳纤维的力学性能。所以,合成高分子量的 PAN 聚合物用于制备碳纤维原丝至关重要 [4-7]。

1 丙烯腈的共聚合方法简介

目前常用于制备高性能 PAN 聚合物的合成方法可大致分为两类:均相溶液聚合和非均相聚合 [4,5,8]。均相溶液聚合通常是丙烯腈(AN)单体在单一有机溶剂中进行聚合反应,制得的 PAN 产物均一性较好,Bajaj 等 [9,10] 以偶氮二异丁腈(AIBN)为引发剂,在 70℃的二甲基甲酰胺(DMF)中,合成了特性黏数为 $0.72dL \cdot g^{-1}$ 的 PAN 均聚物,对应黏均分子量为 2.2 万;他们同时采用 $APS/Na_2S_2O_5$ 组成的氧化还原引发体系,并添加 $NaHCO_3$ 调节反应体系的 pH=3.5,成功合成了 AN 与三种酸性单体(丙烯酸 AA,甲基丙烯酸 MAA,衣康酸 IA)的共聚物,其特性黏数[η]处于2.32~3.44 dL·g⁻¹,对应黏均分子量为10.7~18.1万。陈厚等[11]通过溶液聚合制备AN/AA共聚物分子量为7~9万,同配方条件下悬浮聚合法的产物分子量是溶液聚合的3~6倍。王艳芝等[12]进行的AN与丙烯酸甲酯(MA)在二甲基亚砜(DMSO)中的溶液共聚合,工艺优化后的产物的分子量同样处于7~8万。由此可见,通过溶液聚合工艺制备的PAN聚合物分子量较低,主要是由于其反应介质为链转移系数较大的有机溶剂,存在链自由基向溶剂小分子的链转移反应,使聚合产物分子量较低[13]。

AN的非均相聚合工艺主要包括水相悬浮、水相沉淀和混合溶剂沉淀聚合[8]。水相悬浮/沉淀的反应介质全部是水,故不存在链转移反应,所得聚合物分子量较高,产物经洗涤、过滤、干燥即可。在超高分子量PAN聚合物(UHMPAN)方面,Yamane等[14]以AIBN为引发剂,聚乙烯醇(PVA)为分散剂,采用水相悬浮聚合获得了平均分子量高达130万的UHMWPAN。Zhang等[15]在上述体系中加入部分乳化剂,获得的AN/MA/IA

三元共聚物的分子量均超过110万。由于水相聚合体系的悬浮/沉淀特征,制得的PAN聚合物应用于纺丝时,其后处理较为繁琐、耗能较大,且较高的分子量不利于PAN纺丝原液的配制[1-5]。在此基础上,混合溶剂沉淀聚合以混合溶剂(主要是水/有机溶剂、或有机溶剂/有机溶剂)为反应介质,兼具均相溶液聚合和上述非均相聚合,尤其是水相沉淀聚合的双重优点。因此,本文针对混合溶剂法制备高分子量PAN的工艺特点和研究进展进行了详述,希望为制备高性能的PAN基碳纤维提供理论性指导。

2　混合溶剂聚合法制备PAN聚合物

混合溶剂聚合是以两种不同比例的混合溶剂作为反应介质,采用油溶性或水溶性引发剂,添加少量或不添加分散剂,进行AN与乙烯基单体共聚合反应的一种方法。此法类似于水相沉淀聚合,只是将纯水相聚合中的部分水置换成有机溶剂与其混合,该有机溶剂通常是PAN聚合物的良溶剂,如DMSO、DMF、二甲基乙酰胺(DMAc)等[1-5]。随着反应的进行,聚合产物会以白色沉淀的形式析出。相对于纯水相聚合体系,该法制备 PAN 聚合物时,由于水的存在减少了向小分子的链转移反应,能够制得分子量较高的 PAN 产物,但不至于过高,且质地疏松,较易溶解[16]。本文将从混合溶剂法所用到的共聚单体类型、引发剂种类、混合溶剂选择以及工艺条件等四个方面出发,进行一一阐述。

2.1 共聚单体

由于均聚 PAN 的分子链规整,内聚能密度较大,柔软性较差,造成碳纤维在预氧化时,性能不稳定,容易烧断。因此,通过加入第二单体改变 PAN 分子链的刚性,降低其分子间作用力,从而缓和 PAN 原丝在预氧化过程中的放热反应,提高最终 PAN 原丝的力学性能[4,5]。能与 AN 进行共聚合的乙烯基单体有很多,其中用于制备碳纤维的单体大致可以分为三类:酸类、酯类和其他类。

2.1.1 酸类共聚单体

乙烯基酸类单体通常含有羧基,可以降低原丝预氧化时环化反应的活化能,使环化反应在较低温度下进行,从而提高碳纤维的质量[4,5]。常用的酸类共聚单体有衣康酸(IA)、丙烯酸(AA)、甲基丙烯酸(MAA)等。IA 是 AN 最常用的共聚单体,它的主要作用是降低 PAN 原丝的环化反应温度,缓慢释放预氧化反应放热量,因而得到国内外研究学者的青睐。在混合溶剂聚合方面,Bajaj 等[17]以 H_2O/DMF 为混合溶剂,采用质量分数 2.5% 的 AIBN 为引发剂,制得的 AN/IA 共聚物 $[\eta]$ 可达 2.9 dL·g^{-1},黏均分子量为 14.4 万;AN/MAA 共聚物 $[\eta]$ 为 2.8 dL·g^{-1},黏均分子量为 13.8 万。Moghadam 等[18]以 H_2O/DMF 为混合溶剂,采用 AIBN 为引发剂,制得了不同 AA 单体含量的 PAN 共聚物,其转化率最高可达 74.04%,$[\eta]$ 为 3.29 dL·g^{-1},黏均分子量为 17.1 万。徐忠波等[19]采用混合溶剂沉淀聚合法,令 AN 与 IA 进行共聚,利用正交设计得出的理论最佳配方,即反应温度为 65℃,引发剂质量分数为 1.5%,$m(H_2O):m(DMSO)=50:50$,单体质量分数为 20%,IA 质量分数为 1%。根据此配方进行聚合,所得转化率为 87.7%,其黏均分子量为 33.8 万。张旺玺[20]则在 H_2O/DMF 混合溶剂中加入少量 PVA 作为分散剂,合成了黏均分子量为 10~20 万的 AN/AA 共聚物,研究发现在一定范围内,聚合物的分子量随着非良溶剂水含量的升高而增大。

2.1.2 酯类共聚单体

酯类单体呈现化学惰性或中性,其柔性侧基引入到 PAN 分子链可改善其溶解性和可纺性[4,5]。常用的酯类共聚单体有丙烯酸甲酯(MA)、甲基丙烯酸甲酯(MMA)、醋酸乙烯酯(VAc)等。Li 和 Shan[21] 采用过氧化氢 - 抗坏血酸氧化还原体系,通过改变 H_2O/DMF 的混合溶剂配比制得了黏均分子量为 37~47 万的 AN/MA/IA 三元共聚物,其分子量分布宽度在 2.62~3.95。陈黎等 [22] 以 AIBN 为引发剂,在 H_2O/DMSO 混合溶剂中合成了重均分子量在 30~50 万的 AN/MA 共聚物,并利用高温凝胶渗透色谱(GPC)详细研究了共聚单体配比对聚合物分子量分布的影响,结果表明:当 MA 的含量增加时,聚合物的分子量下降,转化率降低,分子量分布加宽。Chen 等 [23] 针对甲基丙烯酸氨基乙酯(AEMA)作 AN 共聚合的反应单体,研究了其在 H_2O/DMSO 混合溶剂中的合成动力学,即使在较低的转化率下,其产物平均分子量仍可达 18.9~56.8 万。Tsai 等 [24] 以 AIBN 为引发剂,在 DMSO/ 丙酮混合溶剂中,合成了重均分子量为超过 33 万的 AN/2-EHA(丙烯酸 -2- 乙酸己酯)/IA 共聚物。通过改变工艺参数,Tsai 等 [25] 又分别合成了重均分子量为 27~28 万,分子量分布指数为 1.6 的 AN/MA、AN/2-EHA、AN/ 丙烯酸乙酯(EA)、AN/ 丙烯酸丁酯(BA)的共聚物。此外,其他酯类单体如 VAc[26]、甲基丙烯酸正丁酯(BMA)[27]、IA 的酯类衍生物(β - 衣康酸单甲 / 丁酯)[28,29]、丙烯酸羟乙酯(HEA)[30] 等也可用来与 AN 发生共聚反应,用于制备 PAN 纤维。

2.1.3 其他共聚单体

含有酰胺基或铵根离子的乙烯基单体,可降低 PAN 大分子链之间作用力,减小环化反应的放热速率,使预氧化反应易于控制,可用作 AN 的共聚单体[31]。Chen 等 [32] 和 Liang 等 [33] 在 H_2O/DMF 混合溶剂中分别制备了 AN/AM 共聚物和 AN/ 丙烯酸铵(AAT)共聚物,其黏均分子量处于 10~50 万,研究发现 AM 或 AAT 的引入有利于促进聚合物的热降解过程,从而成为 PAN 纤维制备时可供选择的共聚单体。同样,IA 经氨化处理后得衣康酸铵(AIA),也可用作制备高分子量的 PAN 共聚物[34]。Mathakiya 等[35]采用过氧化苯甲酰（BPO）为引发剂，在 H_2O/DMF 混合体系中，合成了 AN/AM/AA 的三元共聚物，并对其产物性能和反应动力学进行了研究。Chen 等[36]在 H_2O/DMSO 混合溶剂中，以 AIBN 为引发剂，针对 AN 与甲基乙烯基酮（MVK）的合成动力学进行了研究。其他 N- 乙烯基类单体，如 N- 乙烯基咪唑（VIM）[37]、N- 乙烯基甲酰胺（NVF）[38]等也有用于 PAN 共聚物制备的相关报道。而乙烯基磺酸类单体，如 2- 丙烯酰胺 -2- 甲基丙磺酸钠（AMPS）和甲基丙烯磺酸钠（SMAS）也被用于制备 PAN 共聚物，但碱金属离子的引入对于提高最终碳纤维的力学性能是不利的。因此，这类单体常用来制备民用腈纶[39]。

AN 与乙烯基共聚单体虽可采用上述几种不同的聚合方法，但根据其自由基反应机理，用于溶液聚合和水相悬浮 / 沉淀聚合工艺的共聚单体，均可应用于混合溶剂沉淀聚合工艺，便于制备含有不同共聚单体的高性能 PAN 共聚物。

2.2 引发剂

根据引发剂的溶解性，AN 进行自由基聚合的引发剂可以分为油溶性和水溶性两种。常用的油溶性引发剂主要用于 AN 的均相溶液聚合和水相悬浮聚合，主要包括 AIBN、BPO 和偶氮二异庚腈（AIHN）[13]。常用的水溶性引发剂主要用于 AN 的水相沉淀聚合工艺，并且多为氧化还原体系，此类引发剂的分解活化能较低，聚合可在 30℃ ~55℃甚至更低的温度下进行，所得产物色泽较白，当水中的 pH 值呈合适酸性时可加快聚合反应的进行[39,40]。这类氧化还原引发体系主要有：APS/$Na_2S_2O_5$ 氧化还原引发体系[17]、$K_2S_2O_8$/$NaHSO_3$[41]、$K_2S_2O_8$/ 抗坏血酸[42]等。当采用单一 APS 引发共聚合反应时，无须额外加入酸进行 pH 值调节，可使 AN 与酸性 IA 单体或碱性 AM 单体顺利聚合制得高分子量的 PAN 聚合物[43,44]。此外，水溶性偶氮盐的典型代表——偶氮二异丁脒盐酸盐（AIBA）在水中 10h 半衰期的分解温度仅为 56℃，与 APS 相比，AIBA 具有更高的引发效率，且其分解过程更为平滑、稳定和可控，有利于产生高线性和高分子量的聚合物[45]。

即使如此，AN 在进行混合溶剂沉淀聚合时，引发剂大多采用油溶性 AIBN，主要原因是 AIBN 引发效率高，在一般聚合温度下便可分解，且性质稳定、储存安全[13]。如 2.1 节所述的混合溶剂聚合工艺，大多采用 AIBN 作为引发剂，成功制得了分子量较高的 PAN 共聚物[16-20,22-25,32,33,36]。国内冯春[46]则对比研究了 AIBN 热引发 AN/MA 的溶液聚合和混合溶剂聚合工艺，前者产物分子量处于 7.2~12 万；后者在混合溶剂 H_2O/DMSO 体系中，在较短反应时间内，其产率可达 70%~90%，分子量为 19~68 万。由此可见，混合溶剂沉淀聚合体系相对于均相聚合，其聚合反应速率较快，有利于制备具有较高的反应产率和分子量的 PAN 聚合物。同时采用 BPO/N, N- 二甲基苯胺引发体系在 25℃~27℃室温条件下，便可制得分子量达 6.2~23.8 万的 AN/MA 共聚物，这与氧化还原体系引发 AN 水相沉淀聚合的工艺特征是一致的[39,40]。李培仁等[47]采用过氧化氢 - 抗坏血酸氧化还原体系，在 H_2O/DMF 混合溶剂中制备 AN/MA/IA 三元共聚物，其分子量在 21~45 万。

2.3 混合溶剂

AN 进行均相聚合时，常采用 PAN 的良溶剂（如 DMSO、DMF、DMAc 等）作为反应介质。进行纯水相或混合溶剂沉淀聚合时，则全部采用 H_2O 或者 H_2O 与良溶剂混合体系作为反应介质。由于 AN 进行自由基聚合时向良溶剂的链转移系数较大，使制得的聚合产物分子量较低。而 H_2O 是 AN 的不良溶剂，且链转移系数为零，所以通常加入 H_2O 作为沉淀剂，有利于提高产物分子量[39,40]。同时 H_2O 的加入使聚合热容易散去，反应平稳。根据 2.1 节和 2.2 节所述内容，目前常用于制备 PAN 聚合物的混合溶剂主要有 H_2O/DMSO 体系和 H_2O/DMF 体系[16-23,32,33,35,36]。张引枝等[48,49]认为在水相中引入 DMSO 或 DMF 之后，随着混合溶剂中 H_2O 含量的增加，反应速率加快至极值后有所减慢，而 PAN 产物的分子量则一直升高。国内外的其他学者也进行了不同混合溶剂法聚合反应的研究。张静等[50]在 H_2O/DMSO/ 乙醇三种溶剂组成的混合溶剂中研究了 AN 共聚合反应，固定 DMSO 的含量为 70% 不变，H_2O 和乙醇的总量占 30%，当乙醇的含量由 0 上升 30% 时，水的含量则从 30% 下降到 0，聚合物的分子量由 22 万下降到 2 万左右。此外，即使在 DMSO 良溶剂中引入链转移系数较大的丙酮与其混合后充当反应介质时,制备的 AN 共聚物仍具有较高的平均分子量 [24,25,51]。

在混合溶剂聚合中,若将 PAN 的两种以上良溶剂中进行混合,则属于混合溶剂均相聚合的范畴。崔晶等 [52] 以 DMSO/DMAc 混合溶剂为反应介质,进行 AN/IA 溶液共聚反应,其产物黏均分子量处于 5~12 万,并且当混合溶剂中 DMAc 质量分数低于 5% 时,聚合产物保持较高的分子量和转化率;而当 DMAc 用量较多时,随其含量增加,聚合物的分子量和转化率急剧下降。这主要是由于 DMAc 的链转移系数较 DMSO 的大,过多引入 DMAc 容易造成 PAN 聚合物性能指标下降。

2.4 聚合工艺条件

除了上述影响制备 PAN 聚合物的主要反应因素外,反应温度、反应时间、搅拌速率都会影响到聚合物反应的转化率以及产物分子量。反应温度通常根据所选用引发体系的最佳分解温度,以及单体在反应介质中的溶解性综合确定。温度太低,引发剂不能完全分解为自由基,聚合反应的转化率就会很低,分子量也会受到影响。温度太高则容易引起爆聚、使引发剂分解过快而失活 [13,40]。由于 AN 与乙烯基单体的自由基共聚合为放热反应,反应过程中体系的温度逐渐上升,最终制备聚合产物的转化率虽会急剧升高,但会使产物分子量降低,并且容易在 PAN 纺丝原液中产生凝胶,不利于制备高性能的 PAN 原丝及碳纤维 [52]。而采用 H_2O/有机溶剂混合介质进行聚合反应时,由于 H_2O 的存在,反应散热容易散掉,不易造成反应过程中的温度骤升,有利于聚合反应平稳进行。随着温度的升高,AN/乙烯基单体共聚合产物的黏均分子量虽然降低幅度较大,但不同分子量及不同共聚物组成的 PAN 产物却易呈现出不同的结构和性能,用以满足高性能 PAN 基碳纤维前驱体的制备 [13,40,53]。

此外,根据自由基反应机理,在反应初期聚合物的分子量便迅速地升至几万到几十万,过度延长反应时间只会使单体的转化率升高,而不会对聚合物的分子量造成过多影响 [13,40]。同时,搅拌速率的快慢会影响反应体系的流动状态,从而对最终聚合产物的转化率和分子量产生一定的影响 [54]。

3　结语

综上所述,混合溶剂聚合法是一种制备高分子量聚丙烯腈共聚物较理想的方法。优质的 PAN 原丝是制造高性能碳纤维的关键,原丝的性能受到多方面的制约,在混合溶剂沉淀聚合工艺中,AN 共聚单体的类型,反应所用的引发剂,混合溶剂的选择以及聚合工艺参数的优化,都影响着 PAN 聚合反应的产率和产物分子量,从而控制最终 PAN 原丝的结构和力学性能。目前,关于该方面的研究大多停留在聚合工艺方面的研究,而关于纺丝工艺和碳纤维制备方面的深入研究开展较少,这是我国碳纤维工作者的努力方向之一。

参考文献

[1]Gupta A K, Paliwal D K, Bajaj P. Acrylic precursors for carbon fibers[J]. Journal of Macromolecular Science-Reviews in Macromolecular Chemistry and Physics,1991,c31（1）:1-89.

[2]Sen K, Bahrami S H, Bajaj P.High-performance acrylic fibers[J]. Journal of Macromolecular Science-Reviews in Macromolecular Chemistry and Physics 1991,c36（1）:1-76.

[3]Bajaj P, Sen K, Bahrami S H. Solution polymerization of acrylonitrile with vinyl acids in dimethylformamide[J]. Journal of Applied Polymer Science,1996,59:1539-1550.

[4] 贺福.碳纤维及其应用技术 [M].北京:科学出版社,2004.

[5] 王成国,朱波.聚丙烯腈基碳纤维 [M].北京:科学出版社,2011.

[6] 张旺玺,李木森,王成国,等.高平均分子量聚丙烯腈的制备、性能和应用 [J].高分子通报,2002,5:49-53.

[7] 吴雪平,杨永岗,郑经堂,等.高性能聚丙烯腈基碳纤维的原丝 [J].高科技纤维与应用,2001,26（6）:6-10.

[8] 赵亚奇,杜玲枝,张俊超,等.非均相聚合工艺制备高分子量聚丙烯腈的研究进展 [J].化工新型材料,2013,41（1）:22-25.

[9]Bajaj P, Sen K, Bahrami S H. Solution polymerization of acrylonitrile with vinyl acids in dimethylformamide[J]. Journal of Applied Polymer Science,1996,59: 1539-1550.

[10]Bajaj P, Paliwal D K, Gupta A K. Acrylonitrile-acrylic acids copolymers: I.Synthesis and characterization[J]. Journal of Applied Polymer Science,1993,49: 823-833.

[11] 陈厚,张旺玺,王成国,等.悬浮与溶液聚合法合成丙烯腈共聚物的对比 [J].合成纤维,2002,31（3）: 10-13.

[12] 王艳芝,朱波,张旺玺,等.聚丙烯腈原丝纺丝溶液的合成 [J].合成技术及应用,2001,16（4）: 7-9.

[13] 潘祖仁.高分子化学 [M].北京:化学工业出版社,2014.

[14]Yamane A, Takahashi H, Kanamoto T, et al. Development of High Ductility and Tensile Properties upon Two-Stage Draw of Ultrahigh Molecular Weight Poly（acrylonitrile）[J]. Macromolecules, 1997,30: 4170-4178.

[15]Zhang C, Gilbert R D, Fornes R E. Preparation of ultrahigh molecular-weight polyacrylonitrile and its terpolymers[J]. Journal of Applied Polymer Science,1995,58: 2067-2075.

[16] 王艳芝,孙春峰,王成国,等.混合溶剂法合成高分子量聚丙烯腈 [J].山东大学学报(工学版),2003,33（4）: 362-366.

[17]Bajaj P, Sreekumar T V, Sen K. Effect of reaction medium on radical coplymerization of acrylonitrile with vinyl acids[J]. Journal of Applied Polymer Science,2001,79: 1640-1652.

[18]Moghadam S S, Bahrami S H. Copolymerization of acrylonitrile-acrylic acid in DMF-water mixture[J]. Iranian Polymer Journal,2005,14（12）: 1032-1041.

[19] 徐忠波,张旺玺,王成国,等.丙烯腈与衣糠酸在混合溶剂中沉淀共聚 [J].化工科技,2002,10（2）: 1-4.

[20] 张旺玺,王艳芝.高分子量聚丙烯腈的结构表征 [J].中原工学院学报,2004,15（4）: 19-23.

[21]Li P R, Shan H Q. Study on polymerization of acrylonitrile with methylacrylate and itaconic acid in mixed solvent[J]. Journal of

Applied Polymer Science, 1995, 56: 877-880.

[22] 陈黎, 张晓利, 王小安. 混合溶剂共聚 PAN 分子量及其分布研究 [J]. 化工新型材料, 2014, 42（10）: 161-163.

[23]Chen H, Qu R J, Ji C N, et al. Copolymerization kinetics of acrylonitrile with amino ethyl-2-methyl propenoate in $H_2O/DMSO$ mixture[J]. Journal of Applied Polymer Science, 2006, 101: 2095-2100.

[24]Tsai J S, Lin C H. Effect of comonomer composition on the properties of polyacrylonitrile precursor and resulting carbon fiber[J]. Journal of Applied Polymer Science, 1991, 43: 679-685.

[25]Tsai J S, Lin C H. The effect of the side chain of acrylate comonomers on the orientation, pore-size distribution, and properties of polyacrylonitrile precursor and resulting carbon fiber[J]. Journal of Applied Polymer Science, 1991, 42: 3039-3044.

[26] 韩娜, 张兴祥, 王学晨, 等. 丙烯腈 - 丙烯酸甲酯共聚物的合成、结构与性能 [J]. 高分子材料科学与工程, 2007, 23（5）: 45-49.

[27] 张燕, 肖长发, 安树林, 等. 聚（甲基丙烯酸正丁酯 / 丙烯腈）纤维研究 [J]. 功能材料, 2008, 39（11）: 1789-1792.

[28]Ju A Q, Xu H Y, Ge M Q, et al. Preparation and thermal properties of poly[acrylonitrile-co- （β -methylhydrogen itaconate）] used as carbon fiber precursor[J]. Journal of Thermal Analysis and Calorimetry, 2014, 115: 1037-1047.

[29] 王世栋. 碳纤维用聚丙烯腈溶液共聚合反应研究 [D]. 华东理工大学, 2012.

[30]Aran B, Sankır M, Vargün E, et al. Tailoring the swelling and glass-transition temperature of acrylonitrile/hydroxyethyl acrylate copolymers[J]. Journal of Applied Polymer Science, 2010, 116: 628-635.

[31] 周吉松. 碳纤维用高分子量丙烯腈 - 丙烯酰胺共聚物的合成研究 [D]. 东华大学, 2009.

[32]Chen H, Wang Q, Qu R J, et al. Kinetic study of the degradation of acrylonitrile-acrylamide copolymers[J]. Journal of Applied Polymer Science, 2005, 96: 1017-1020.

[33]Liang Y, Chen H, Wang Q. Rheological behavior of

acrylonitrile/ammonium acrylate copolymer solutions[J]. Journal of Applied Polymer Science,2007,103：2320-2324.

[34]Cui C S, Wang C G, Zhao Y Q. Acrylonitrile/ammonium itaconate aqueous deposited copolymerization[J]. Journal of Applied Polymer Science,2006,102：904-908.

[35]Mathakiya I, Vangani V, Rakshit A K. Terpolymerization of acrylamide, acrylic acid, and acrylonitrile：synthesis and properties[J]. Journal of Applied Polymer Science,1998,69：217-228.

[36]Chen H, Liu J S, Liang Y, et al. Copolymerization of acrylonitrile with methyl vinyl ketone[J]. Journal of Applied Polymer Science,2006,99：1940-1944.

[37]Deng W J. Poly（acrylonitrile-co-1vinylimidazole）：A new melt processable carbon fiber precursor[J]. Clemson：Clemson University,2010,52(3)：622-628.

[38] 吴华,徐建军,叶光斗,等.N- 乙烯基甲酰胺 - 丙烯腈共聚 [J]. 功能高分子学报,2005,18（4）：646-650.

[39] 上海纺织工学院. 腈纶生产工艺及其原理 [M]. 上海：上海人民出版社,1976.

[40] 李克友,张菊花,向福如.高分子合成原理及工艺学 [M].北京：科学出版社,1999.

[41] 韩娜,张兴祥,王学晨.丙烯腈 - 丙烯酸甲酯共聚物的合成、结构与性能 [J]. 高分子材料科学与工程,2006,22（6）：48-50.

[42]Nagaraja G K, Demappa T, Mahadevaiah. Polymerization kinetics of acrylonitrile by oxidation：Reduction system using potassium persulfate/ascorbic acid in an aqueous medium[J]. Journal of Applied Polymer Science,2011,121：1299-1303.

[43] 赵亚奇.水相沉淀聚合制备碳纤维用高分子量聚丙烯腈 [D]. 山东大学,2010.

[44] 王永伟,朱波,赵亚奇,等.水相沉淀法制备丙烯腈 / 丙烯酰胺共聚物的工艺研究 [J]. 化工新型材料,2010,38（1）：88-92.

[45] 路金菊,韩守信.偶氮类引发剂的种类及应用 [C].上海：全国油田化学品和水溶性高分子研讨会论文集,2008.

[46] 冯春．碳纤维用高分子量聚丙烯腈前躯体的研究 [D]．哈尔滨工业大学，2009.

[47] 李培仁，单洪青．混合溶剂法制备丙烯腈共聚物的特性 [J]．北京化工大学学报（自然科学版），1995，22（2）：26-29.

[48] 张引枝，李致敬，贺福，等．混合溶剂法合成高分子量 PAN 树脂 [J]．高分子材料科学与工程，1993（6）：22-26.

[49] 张引枝，李致敬，贺福，等．丙烯腈在混合溶剂中的聚合动力学研究 [J]．高分子材料科学与工程，1993（6）：84-88.

[50] 张静．混合溶剂沉淀聚合制备高分子量聚丙烯腈及其理论研究 [D]．北京：北京化工大学，2011.

[51] Tasi J S, Lin C H. The effect of molecular weight on the cross section and properties of polyacrylonitrile precursor and resulting carbon fiber[J]. Journal of Applied Polymer Science, 1991, 42: 3045-3050.

[52] 崔晶，屠晓萍，王贺团，等．丙烯腈与衣康酸在混合溶剂中的共聚合研究 [J]．合成纤维工业，2014，37（3）：10-15.

[53] 于万永，韩娜，王学晨，等．聚合温度对丙烯腈 / 丙烯酸甲酯共聚物结构与性能的影响 [J]．高分子材料科学与工程，2009，25（11）：33-37.

[54] 王小华．碳纤维用聚丙烯腈的制备 [D]．东华大学，2010.

附录三　自由基引发剂制备高相对分子质量聚丙烯腈研究进展

赵亚奇[1]　郭雯静[2]　杜玲枝[1]　赵振新[1]　赵海鹏[1]

（1. 河南城建学院 材料与化工学院,河南 平顶山 467036; 2. 郑州大学 化工学院,河南 郑州 450001）

摘　要　为开发用于生产聚丙烯腈(PAN)基碳纤维的高品质 PAN 共聚物,针对水相悬浮聚合、水相沉淀聚合和混合溶剂沉淀(悬浮)聚合等自由基聚合工艺的优缺点,结合其反应特征,综述了近几年来自由基引发剂制备高相对分子质量 PAN 聚合物的研究进展,探讨了油溶性或水溶性引发剂的选择,并对制备高相对分子质量 PAN 共聚物的理论与实验进行分析。根据单一引发剂制备 PAN 共聚物的实验结果发现:采用纯水相聚合体系可制得高转化率和高相对分子质量的 PAN 共聚物,采用混合溶剂沉淀(悬浮)聚合反应体系,可在不降低聚合反应产率的前提下,对 PAN 共聚物的相对分子质量进行合理调节。

关键词　自由基引发剂;高相对分子质量聚丙烯腈;水相;混合溶剂

Research progress of high relative molecular weight polyacrylonitrile prepared by radical initiators

ZHAO Yaqi[1], Guo Wenjing[2], DU Lingzhi[1], ZHAO Zhenxin[1], ZHAO Haipeng[1]

（1. *School of Materials and Chemical Engineering*, *Henan University of Urban Construction*, *Pingdingshan*, *Henan 467036*, *China*; 2. *School of of Chemical Engineering*, *Zhengzhou University*, *Zhengzhou*, *Henan 450001*, *China*）

Abstract To develop high quality polyacrylonitrile (PAN) copolymer for PAN-based carbon fiber production, in view of the advantages and disadvantages of different polymerization process, such as aqueous suspension polymerization, aqueous precipitation polymerization and mixed-solvent precipitation (suspension) polymerization), and combined with its reaction characteristics, the research progress of high relative molecular weight PAN copolymer prepared by free radical initiator in recent years was reviewed. The research contents include the choice of oil soluble or water-soluble initiator, theoretical and experimental analysis of the preparation of high molecular weight PAN polymer. From the the experiment results of PAN polymers synthesized by a single initiator, it is shown that PAN copolymers with high conversion and high molecular weight can be obtained by using the water phase polymerization system. On the premise of not reducing the polymerization reaction yield, relative molecular weights of PAN copolymers can be reasonably adjusted by using the mixed-solvent precipitated (suspension) polymerization.

Keywords radical initiator; high relative molecular weight polyacrylonitrile; aqueous; mixed-solvent

　　在高性能聚丙烯腈(PAN)基碳纤维制备过程中, PAN 原丝是制约碳纤维发展的瓶颈, 高品质的 PAN 共聚物是生产高质量碳纤维的基础和前提, 一般要求其具备如下特点: 高纯度、高相对分子质量及合适分布, 少的分子结构缺陷和理想的共聚单体及含量 [1-4]。探索合成高品质PAN 共聚物的途径, 对制备高性能 PAN 原丝及碳纤维具有重要的工业化应用价值。

　　通常 PAN 共聚物的制备过程可采用均相溶液聚合、水相悬浮聚合、水相沉淀聚合和混合溶剂沉淀(悬浮)聚合等工艺。均相溶液聚合工艺大多以较高链转移系数的有机溶剂(如二甲基亚砜(DMSO)、二甲基甲酰胺(DMF)、二甲基乙酰胺(DMAc)等)为反应介质, 制得 PAN 共聚物的相对分子质量一般较低 [4-5]; 而水相悬浮聚合、水相沉淀聚合和混合溶剂沉淀（或悬浮）聚合全部或部分采用水作为反应介质，可有效减少向溶剂小分子的链转移反应，制得高转化率和高相对分子质量的 PAN 共聚物 [3-5]。采用上述几种工艺制备 PAN 时，虽然均满足自由基聚合反应机制，但由于聚合时所用的反应介质不同，需要不同类型的引发剂，从而呈现出不同的反应特征。

在此基础上，本文综述了自由基引发剂在制备高相对分子质量 PAN 共聚物方面的研究进展。同时，结合相关实验进行对比研究，为高性能碳纤维用 PAN 共聚物的合成提供一种新思路。

1 不同引发剂的选择

PAN 共聚物的制备通常遵循传统自由基聚合理论，制备时需将一定量的丙烯腈（AN）、共聚单体和自由基引发剂加入到反应溶剂中，在氮气保护下进行聚合反应。常用的热引发剂包括水溶性引发剂 [如过硫酸钾（KPS）、过硫酸铵（APS）等] 和油溶性引发剂 [如偶氮二异丁腈（AIBN）、偶氮二异庚腈（AIHN）、过氧化苯甲酰（BPO）等]，均可用于制备 PAN 共聚物 [3-4]。此外，水溶性 / 油溶性氧化 - 还原引发体系具有较低的分解活化能，使其在制备 PAN 共聚物时可在较低温度下进行，且所得产物色泽较白 [6-11]。因此，不同引发剂的选择对 PAN 共聚物的制备影响不同。

1.1 油溶性引发剂

AIBN 是最常用的油溶性引发剂，以此为引发剂制备 PAN 共聚物的合成工艺包括均相溶液聚合、水相悬浮聚合和混合溶剂沉淀聚合。在均相溶液聚合方面，Wang 等 [12] 以质量分数为 0.7% 的 AIBN 为引发剂，在 60℃的 DMSO 中，分别合成了黏均相对分子质量为 17.1×10^4 的 PAN 均聚物、黏均相对分子质量为（$0.56 \sim 1.59$）$\times 10^5$ AN/ 衣康酸（IA）共聚物和黏均相对分子质量为（$1.05 \sim 1.12$）$\times 10^5$ 的 AN/ 丙烯酸甲酯（MA）共聚物；巨安奇等 [13-15] 通过设计合成的多种双官能团乙烯基单体（如 3- 酰胺基 -3- 丁烯酸甲酯、3- 羧基 -3- 丁烯酰胺、3- 羧酸铵 - 丁烯酸甲酯等），在 DMSO 中制备得到黏均相对分子质量处于（$0.5 \sim 1.5$）$\times 10^5$

的 PAN 共聚物；Krishnan 等 [16] 采用 AIBN 为引发剂，DMF 为溶剂，在温度为 55℃和反应时间 5 h 的条件下，制得黏均相对分子质量分别为 1.44×10^5 的 PAN 均聚物和 1.79×10^5、2.16×10^5、2.23×10^5 的 AN/ 二甲胺基丙基丙烯酰胺（DMPAA）/IA 三元共聚物。王麒等 [17] 以分解温度低和分解速度快的偶氮二异庚腈（AIHN）作为引发剂，以 IA、MA 为共聚单体，在 AIHN 质量分数 0.12% 和 35℃反应温度下，制得了黏均相对分子质量为 2.85×10^5 的 PAN 三元共聚物。在 AN 单体的共聚合反应过程中，不同共聚单体的使用，一方面，有利于制备出含有长序列 AN 单元的 PAN 共聚物；另一方面，较多的共聚单体均匀分布在 PAN 共聚物主链上，明显促进了 PAN 共聚物的环化和脱氢反应，提高了 PAN 的预氧化性能，有利于制备高性能碳纤维。

在水相悬浮聚合方面，吴承训等 [18] 以 AIBN 为引发剂，MA 为共聚单体，探索出在反应时间为 4h，温度为 60℃，单体质量分数为 25%，单体质量配比为 95∶5 时，制备出黏均相对分子质量高达 7.59×10^5 的 AN/MA 共聚物；赵亚奇等 [19] 以 AIBN 为引发剂，合成了黏均相对分子质量超过 7.5×10^5 的 AN/IA 共聚物，且相应 PAN 共聚物的 DSC 曲线具有三重峰特征。与 AIBN 引发体系采用高温聚合不同，厉雷等 [20] 采用 AIHN 引发体系，在高单体质量分数（33%），低引发剂质量分数（0.6%）和较低反应温度（45℃）下制得黏均相对分子质量高于 AIBN 体系的 PAN 均聚物，其大小为（5.39~13.06）$\times 10^5$。由此可见，低温、低引发剂浓度和高单体浓度都可提高制备的 PAN 的相对分子质量，并可通过结合计算机模拟方法来为制备超高相对分子质量 PAN 提供理论指导和依据 [20]。

从反应特征角度来看，均相溶液聚合的反应场所在溶液内，生成的 PAN 共聚物直接溶于溶剂中，但易发生较多的链转移反应，不利于产物相对分子质量的提高。水相悬浮聚合的反应场所在单体小液滴内，生成的 PAN 受到分散剂 [如聚乙烯醇（PVA）] 的保护，生成产物颗粒较硬，但无链转移反应发生，产物相对分子质量较高 [3-5]。

1.2 水溶性引发剂

采用水相沉淀聚合工艺制备 PAN 共聚物时,大多采用含金属离子的水溶性氧化 - 还原引发体系。Mahadevaiah 等 [6] 采用硫酸铈 / 蔗糖氧化 - 还原引发体系,并添加 H_2SO_4 调节 pH 值,利用水相沉淀聚合工艺,在 50℃ 成功合成了黏均相对分子质量高达 14.1×10^5 的 PAN 均聚物。采用 APS/$Na_2S_2O_5$[7]、KPS/$NaHSO_3$[8-9]、NaClO$_3$/$Na_2S_2O_5$[10] 等复合引发体系,也可在较低反应温度的水相体系中制得黏均相对分子质量较高的 PAN 共聚物。显而易见,水的存在有效避免了向溶剂小分子的链转移过程,可制得高平均相对分子质量的 PAN 产物,尤其是氧化 - 还原引发体系的采用可明显降低聚合反应温度,但金属离子的存在不利于 PAN 纤维力学性能的提高。

为避免金属离子(大多是碱金属离子)的影响,王成国和朱波等 [21-23] 以单一水溶性 APS 为引发剂,在温度为 60℃ 和反应时间为 2h 内,不添加异丙醇(IPA)、正十二烷基硫醇(n-DDM)等相对分子质量调节剂,可制得黏均相对分子质量高达 1.3×10^6 的 AN/IA 共聚物;当采用相对分子质量调节剂时,可制得 AN/IA 共聚物的黏均相对分子质量为 2.4×10^5 和 3.0×10^5,并成功应用于干湿法纺丝工艺,分别制得拉伸强度为 7.54 和 9.77cN/dtex 的 PAN 原丝。此外,使用酸性 IA 单体的 APS 引发体系 (pH 值约为 3.4),可加速 APS 的分解过程,同时避免了复杂的氧化 - 还原引发反应对共聚合的影响 [21]。在上述研究的基础上,采用不含碱金属离子的水溶性 APS/ 亚硫酸铵复合引发体系制备 PAN,研究表明使用复合引发体系可在较低的温度下得到较高的转化率,在 50℃ 时合成了转化率为 78%,黏均相对分子质量为 6.9×10^5 的 PAN 共聚物,但在相同条件下,采用复合引发剂得到的 PAN 共聚物的纺丝原液黏度明显低于使用单引发剂得到的 PAN 共聚物纺丝原液黏度 [22,24]。

相比于均相溶液聚合和水相悬浮聚合,采用水相沉淀聚合工艺制备 PAN 共聚物时,其反应场所首先在水溶液相中进行,而后在聚合物颗粒相中,呈现明显的沉淀聚合特征 [22,25]。由于未采用分散剂,产物颗粒较悬浮聚合疏松,且无链转移反应发生,这对提高最终 PAN 的相对分子质量是有利的。

1.3 混合溶剂中的引发剂选择

在纯水相聚合体系中引入部分有机溶剂组成混合溶剂作为反应介质,使反应体系同时具有均相溶液聚合和非均相聚合的优点:部分水的存在使聚合体系呈现沉淀(或悬浮)聚合特征,并可减少向溶剂小分子的链转移反应,制得黏均相对分子质量较高的 PAN 共聚物。本文称该聚合方法为混合溶剂沉淀聚合。由于常采用 PAN 的良溶剂进入反应体系中,制得的 PAN 共聚物内部结构疏松,在使用双螺杆挤出机辅助溶解时,可有效降低溶解耗能 [23]。

张旺玺等 [26] 采用 AIBN 为引发剂,在 DMSO/H$_2$O 混合溶剂中制得 AN/IA 共聚物的黏均相对分子质量随着反应介质中 DMSO 含量的增加从 5.41×10^5 降低到 1.48×10^5,且相同条件下高相对分子质量的 PAN 共聚物比常规相对分子质量的放热峰起始温度低,放热峰变宽。Moghadam 等 [27] 采用 DMF/H$_2$O 混合溶剂体系合成了黏均相对分子质量较高的 AN/ 丙烯酸(AA)共聚物,且随着 AA 单体含量的增加,放热反应的起始温度降低。Tsai 等 [28] 在 DMSO/ 丙酮混合溶剂中聚合,用不同的共聚单体 MA、丙烯酸乙酯(EA)、丙烯酸丁酯(BA)和丙烯酸2- 乙基己酯(EHA),通过控制引发剂 AIBN 的用量,制备出平均黏均相对分子质量为($16.5 \sim 42.9$)$\times 10^4$,相对分子质量分布多分散系数为$1.6 \sim 3.1$ 的高相对分子质量 PAN 共聚物,且在相同的量下,PAN 共聚物中的丙烯酸酯侧链越小,其所得碳纤维的力学性能越好。冯春 [11] 采用不同聚合方法对比研究了 AIBN 热引发 AN/MA 的溶液聚合和混合溶剂聚合工艺,其溶液聚合产物黏均相对分子质量在($0.72 \sim 1.2$)$\times 10^5$;在 DMSO/H$_2$O 混合溶剂体系中,在较短反应时内,即可制得产率高达 70%$\sim$90%,黏均相对分子质量分别为 1.9×10^5 和 6.8×10^5 的PAN。采用油溶性 BPO/N, N- 二甲基苯胺氧化 - 还原体系时,直接在25℃ $\sim$27℃ 的 DMSO/H$_2$O 混合溶剂中,可制得黏均相对分子质量高达2.38×10^5 的 AN/MA 共聚物。此外,赵亚奇等 [29] 以水溶性偶氮盐偶氮二异丁脒盐酸盐(V50)为引发剂,丙烯酰胺(AM)和 IA 共聚单体,采用DMSO/H$_2$O 混合溶剂沉淀聚合工艺合成了具有高转化率和高相对分子质量的 AN/AM/IA 三元共聚物,其黏均相对分子质量超过 2.5×10^5,转化率超过 70%。

由此可见,热引发混合溶剂沉淀聚合是制备具有高转化率和高相对分子质量 PAN 共聚物的一种有效方法。

1.4 反向原子转移自由基活性聚合

由以上分析可知,非均相聚合体系采用纯水相(或引入部分有机溶剂)作为反应介质,可减少向溶剂的链转移反应,有利于提高 PAN 共聚物的相对分子质量,成为制备高相对分子质量 PAN 共聚物,且成本较低的有效途径[1-5]。对于传统的非均相聚合体系,上述研究学者们更多地关注如何控制产物的相对分子质量,而很少去控制产物的相对分子质量分布,这主要是由于较为明显的自加速现象使实验过程无法有效的控制聚合反应进程,以及共聚物链段序列和相对分子质量的多分散性,因而具有很大的局限性,而可控活性由基聚合的研发提供了控制聚合物微结构和相对分子质量的手段,因而得到了广泛应用。其中,自由基引发剂(如 AIBN)用于反向原子转移自由基活性聚合(RATRP)技术中,在氧化态过渡金属卤化物(如 $FeCl_3$)与有机物配体(如丁二酸、亚氨基二乙酸等)的联合作用下,已成功制得了相对分子质量分布较窄的 PAN 聚合物,但其聚合反应转化率和相对分子质量均较低[30,31]。这对于制备品质优良的 PAN 原丝及碳纤维是不利的。

2 理论和实验分析

2.1 理论分析

不考虑 AN 自由基聚合过程中的支化反应,利用自由基聚合机制,分别计算出不同聚合方法制备的 PAN 均聚物的极限相对分子质量[22],如表 1 所示。

表 1　不同聚合方法制备 PAN 均聚物的理论计算结果

聚合方法	极限相对分子质量
均相溶液聚合	2.43×10^5
水相沉淀 / 悬浮聚合	17.67×10^5
混合溶剂沉淀（悬浮）聚合	$2.43 \times 10^5 \sim 17.67 \times 10^5$

　　注：以 AN 的均聚进行计算，单体质量占总体系的 22%，当体系中含有有机溶剂时，均以 DMSO 为准进行计算，反应温度为 60℃。

　　由表 1 可知，在相同的单体质量配比下，相比于纯有机相均相溶液聚合体系，纯水相聚合体系制备的 PAN 均聚物具有较高的极限相对分子质量，混合溶剂沉淀（悬浮）聚合体系制备的 PAN 均聚物的极限相对分子质量居于上述二者之间，这主要是由于其反应介质中有机溶剂（如 DMSO、DMF、DMAc 等）的用量不同造成的。相对于链转移系数为 0 的纯水相反应介质而言，有机溶剂具有较高的链转移系数，促进了链转移反应的发生，从而降低 PAN 均聚物的聚合度，不利于制备出高相对分子质量的 PAN 均聚物。

　　从表 1 中数据还可以看出，要制得相对分子质量较高的 PAN 均聚物，需要更多地采用纯水或含水反应体系。不论是纯水体系，或是水 / 有机溶剂混合体系，都可制备出高相对分子质量的 PAN 均聚物。从极限相对分子质量的角度来看，采用纯有机溶剂均相溶液聚合体系，在较长反应时间下，也可制备出高相对分子质量的 PAN 共聚物[16]。周吉松等[32] 在高单体质量分数（25%）和长聚合时间（32h）条件下，采用均相溶液聚合工艺制得了转化率为 87%，黏均相对分子质量高达 2.09×10^4 的 PAN 共聚物。很明显，这种方法的局限性在于反应时间过长。当有水存在时，生成的 PAN 共聚物易沉淀出来造成自加速现象，利于在较短时间内完成聚合反应。除此之外，合适的引发剂浓度、单体浓度、反应温度和时间也是影响 PAN 共聚物相对分子质量的重要因素，均需根据不同的聚合反应方法进行选择。

2.2 不同引发剂的实验对比

除纯水相聚合体系外,采用混合溶剂沉淀(悬浮)聚合制备高相对分子质量的 PAN 共聚物时,一般需要选择较高的含水量,从而可降低链转移反应的概率,其最常用的引发剂是 AIBN,具有热引发效率高,无其他副反应的优点。同时,也有采用水溶性引发剂进行的混合溶剂沉淀聚合反应的实例。Li[33] 采用过氧化氢 / 抗坏血酸氧化 - 还原体系,通过改变 DMF/H_2O 的配比,在 30℃ 条件下制得了黏均相对分子质量为 (3.7~4.7) × 10^5 的 AN/MA/IA 三元共聚物,其相对分子质量分布宽度在 2.62~3.95。采用水溶性 / 油溶性氧化 - 还原引发体系虽可在较低温度下进行聚合反应,但还原剂较高的价格和其不易存储性,将会影响该方法的最终应用。

在此基础上,使用单一油溶性 AIBN 或水溶性 APS 引发剂,以少量乙烯基单体分别与 AN 单体发生共聚,并进行对比研究,相关实验数据列于表 2 所示。由表可知,相比于均相溶液聚合体系,采用含水聚合体系可制得具有较高相对分子质量的 PAN 共聚物,但上述 3 种含水聚合体系略有差异:对于水相悬浮聚合体系,具有类似于本体聚合的反应机制,在分散剂 PVA 的作用下,造成 PAN 产物颗粒较为密实,PAN 相对分子质量较高,不利于后续溶解过程进行,且其反应产率较低;对于水相沉淀聚合体系,由于水溶性引发剂 APS 的使用,该反应属于非均相溶液聚合,具有高于水相悬浮聚合的反应产率,且制得 PAN 共聚物颗粒与水相悬浮聚合相比较为疏松,但其较高的相对分子质量仍需加入相对分子质量调节剂(如 IPA、n-DDM)进行调节 [21,22];对于混合溶剂聚合体系,通过改变混合溶剂中的有机溶剂(如 DMSO、DMF 等)和 H_2O 的用量,即可较为方便地调节 PAN 共聚物的相对分子质量,尤其是引入链转移系数较大的 DMF 效果更为明显。同时,有机溶剂的存在提供了 PAN 活性链发生链转移反应的场所,避免了向大分子链发生支化反应的几率,以便于提高 PAN 共聚物的均匀性 [7]。

表2 不同聚合方法制备 PAN 共聚物的实验结果

序号	聚合方法	共聚单体质量配比	单体质量分数/%	引发剂	引发剂质量浓度/%	反应时间/h	其他反应条件	转化率/%	PAN黏均相对分子质量/10⁵	参考文献
1	均相溶液聚合	AN/AA=98/2	25	[AIBN]	1	2	反应温度60℃	75.1	0.8	[34]
2	水相悬浮聚合	AN/MA=95/5	25	[AIBN]	1	4	反应温度60℃,引入0.5%(质量分数)PVA	39.5	7.59	[18]
3	水相悬浮聚合	AN/IA=98/2	17	[AIBN]	0.6	2	反应温度60℃,引入0.15%(质量分数)PVA	52.9	7.5	[19]
4	水相沉淀聚合	AN/IA=99/1	22	[APS]	a:0.8 b:1.2	2	a:无相对分子质量调节剂 b:引入0.5%(质量分数)n-DDM	a:75.2 b:72.5	a:12.02 b:2.0	[22]
5	水相沉淀聚合	AN/MA=98/2	22	[APS]	1	3	反应温度65℃	91.6	7.15	[35]
6	混合溶剂沉淀聚合	AN/IA=98/2	22	[APS]	0.6	2	反应温度60℃ DMSO/H₂O(质量比)=50/50	86.0	9.23	[36]
7	混合溶剂沉淀聚合	AN/MA=99/1	20	[AIBN]	0.6	2	反应温度60℃ DMSO/H₂O(质量比)=20/80	48.2	5.6	[11]
8	混合溶剂悬浮聚合	AN/AA=98/2	25	[AIBN]	1	2	反应温度60℃,引入0.1%(质量分数)PVA,DMF/H₂O(体积比)=10/90	35.7	3.39	[34]

3 结语

采用常用的油溶性或水溶性引发剂可在较短的反应时间内制得具有高转化率和高相对分子质量的 PAN 共聚物。采用氧化 - 还原引发体系时,虽可在较低温度下进行聚合反应,但还原剂容易氧化变质的特性,以及大量碱金属离子的引入,明显限制了其应用范围。目前,非均相聚合体系用于高性能 PAN 原丝及碳纤维制备方面的研究工作开展较少,主要是由于非均相体系的粉末或颗粒状 PAN 共聚物需经过干燥、粉碎、充分溶解后,制得均匀的 PAN 溶液脱泡后,才可进行纺丝,这种工艺称为"二步法",其纺丝过程复杂,耗能性较高;而均相溶液聚合制备的 PAN 溶液经脱单、脱泡后可直接用于纺丝,其工序较为简单。但非均相聚合合成工艺制备出的高相对分子质量的 PAN 共聚物,仍是一个提高 PAN 原丝及其碳纤维品质的重要途径。同时,采用混合溶剂聚合体系时,易获得结构疏松、溶解性良好的高相对分子质量 PAN 共聚物,这将是一个的重要努力方向。

参考文献

[1]Gupta A K, Paliwal D K, Bajaj P. Acrylic precursors for carbon fibers[J]. Journal of Macromolecular Science-Reviews in Macromolecular Chemistry and Physics, 1991, c31（1）: 1-89.

[2]Liu Y D, Kumar S. Recent progress in fabrication, structure, and properties of carbon fibers[J]. Polymer Reviews, 2012, 52: 234-258.

[3] 王成国,朱波. 聚丙烯腈基碳纤维 [M]. 北京:科学出版社,2011.

[4] 贺福. 碳纤维及其应用技术 [M]. 北京:化学工业出版社,2004.

[5] 赵亚奇,杜玲枝,张俊超,等. 非均相聚合工艺制备高分子量聚丙烯腈的研究进展 [J]. 化工新型材料,2013,41（1）: 22-24.

[6]Mahadevaiah, Demappa T, Sangappa, et al.Polymerization of acrylonitrile initiated by Ce（IV）-sucrose redox system: a kinetic study[J].Journal of Applied Polymer Science, 2008, 108: 3760-3768.

[7]Bajaj P, Paliwal D K, Gupta A K. Acrylonitrile-acrylic acids copolymers: I.Synthesis and characterization[J]. Journal of Applied

Polymer Science,1993,49:823-833.

[8]Ebdon J R, Huckerby T N, Hunter T C. Free-radical aqueous slurry polymerizations of acrylonitrile:2.End-groups and other minor structures in polyacrylonitriles initiated by potassium persulfate/sodium bisulfite[J]. Polymer,1994,35:4659-4664.

[9]Bhanu V A, Rangarajan P, Wiles K, et al. Synthesis and characterization of acrylonitrile methyl acrylate statistical copolymers as melt processable carbon fiber precursors[J]. Polymer,2002,43:4841-4850.

[10] 杨明远,张林,毛萍君.丙烯腈的水相沉淀连续聚合反应 [J].中国纺织大学学报,1998,24(2):97-99.

[11] 冯春.碳纤维用高分子量聚丙烯腈前驱体的研究 [D].哈尔滨工业大学,2009.

[12]Wang J, Zhang M Y, Fu Z Y, et al. Kinetics on the copolymerization of acrylonitrile with itaconic acid or methyl acrylate in dimethylsulfoxide by NMR spectroscopy[J]. Fibers and Polymers,2015,16(12):2505-2512.

[13] 曹敏悦,刘俊男,汪月,等.高分子量二元丙烯腈聚合物的合成及性能 [J].高分子材料科学与工程,2017,33(6):42-47.

[14] 刘俊男,曹敏悦,汪月,等.碳纤维原丝用二元丙烯腈聚合物的合成及性能 [J].高分子材料科学与工程,2017,33(6):37-41.

[15]Ju A Q, Zhang K, Luo M, et al.Poly(acrylonitrile-co-3-ammoniumcarboxylate-3-butenoic acid methyl ester):a better carbon fiber precursor than acrylonitrile terpolymer[J].Journal of Polymer Research,2014,21:1275-1278.

[16]Krishnan G S, Thomas P, Naveen S, et al. Molecular and thermal studies of carbon fiber precursor polymers with low thermal-oxidative stabilization characteristics[J]. Journal of Applied Polymer Science,2018,135:46381-46395.

[17] 王麒,张森,陈惠芳,等.以偶氮二异庚腈为引发剂的丙烯腈的低温溶液共聚 [J].化学学报,2010,68(4):2609-2614.

[18] 吴承训,何建明,施飞舟.丙烯腈的悬浮聚合 [J].高分子学报,

1991（1）: 121-124.

[19]Zhao Y Q, Wang C G, Bai Y J, et al. Property changes of powdery polyacrylonitrile synthesized by aqueous suspension polymerization during heat-treatment process under air atmosphere[J]. Journal of Colloid and Interface Science, 2009, 329: 48-53.

[20]厉雷, 吴承训, 张斌, 等. 超高分子量聚丙烯腈的制备及其合成动力学的研究 [J]. 合成纤维, 1997, 26（7）: 5-11.

[21] 王永伟. 水相沉淀法制备丙烯腈 / 丙烯酰胺共聚物及其性能研究 [D]. 山东大学, 2010.

[22] 赵亚奇. 水相沉淀聚合工艺制备碳纤维用高分子量聚丙烯腈 [D]. 山东大学, 2010.

[23] 赵圣尧, 朱波. 利用双螺杆挤出机溶解聚丙烯腈 [J]. 化工学报, 2015, 66（5）: 1970-1975.

[24] 周海萍. 复合引发体系水相沉淀聚合制备聚丙烯腈及特性研究 [D]. 山东大学, 2011.

[25] 赵亚奇, 胡继勇, 冯巧, 等. 聚合工艺参数对丙烯腈 / 丙烯酸甲酯水相沉淀共聚合反应的影响 [J.] 化工新型材料, 2013, 41（4）: 109-111.

[26] 张旺玺, 李木森, 徐忠波, 等. 丙烯腈与衣康酸在 DMSO/H2O 中的聚合及聚合物性能表征 [J]. 高分子学报, 2003, 1: 83-87.

[27]Moghadam S S, Bahrami S H. Copolymerization of acrylonitrile-acrylic acid in DMF-water mixture[J]. Iranian Polymer Journal, 2005, 14（12）: 1032-1041.

[28]Tsai J S, Lin C H. The effect of the side chain of acrylate comonomers on the orientation, pore-size distribution, and properties of polyacrylonitrile precursor and resulting carbon fiber[J]. Journal of Applied Polymer Science, 1991, 42: 3039-3044.

[29] 赵亚奇, 陈琳洁, 聂天凤, 等. 混合溶剂沉淀聚合工艺制备 AN/AM/IA 三元共聚物研究 [J]. 化工新型材料, 2016, 44（8）: 56-58.

[30]Chen H, Qu R J, Liang Y, et al. Reverse atom transfer radical polymerization of acrylonitrile[J]. Journal of Applied Polymer Science, 2006, 99: 32-36.

[31]Chen H, Liu J S, Wang C G. Reverse atom-transfer radical

polymerization of acrylonitrile catalyzed by FeCl₃/iminodiacetic acid[J]. Polymer International, 2006, 55: 171-175.

[32] 周吉松, 吕永根, 王小华, 等. 溶液自由基法高分子量聚丙烯腈的合成 [J]. 高分子材料科学与工程, 2010, 26（4）: 40-42.

[33] Li P R, Shan H Q. Study on polymerization of acrylonitrile with methylacrylate and itaconic acid in mixed solvent[J]. Journal of Applied Polymer Science, 1995, 56: 877-880.

[34] 陈厚, 张旺玺, 王成国, 等. 悬浮与溶液聚合法合成丙烯腈共聚物的对比 [J]. 合成纤维, 2002, 31（3）: 10-13.

[35] 赵亚奇, 李要山, 余红砖, 等. 水相沉淀聚合法制备不同单体配比的 AN/MA 共聚物研究 [J]. 化工新型材料, 2013, 41（6）: 47-49.

[36] Zhao Y Q, Liang J J, Peng M X, et al. A new process based on mixed-solvent precipitation polymerization to synthesize high molecular weight polyacrylonitrile initiated by ammonium persulphate[J]. Fibers and Polymers, 2016, 17（12）: 2162-2166.